FASHION WOODWORKING

精细木旋技术

FASHION WOODWORKING

18件作品详解单轴多轴车削与实木家具制作

木木桑◎著

北京科学技术出版社

本书由四川一览文化传播广告有限公司代理，经教育之友文化有限公司授权出版中文简体字版

著作权合同登记号　图字：01-2019-4165

图书在版编目（CIP）数据

精细木旋技术 / 木木桑著 . — 北京 : 北京科学技术出版社 , 2022.11

ISBN 978-7-5714-2550-0

Ⅰ . ①精… Ⅱ . ①木… Ⅲ . ①手工 – 木工 – 旋切 – 基本知识 Ⅳ . ① TS656

中国版本图书馆 CIP 数据核字（2022）第 166869 号

策划编辑：刘　超　张心如
营销编辑：葛冬燕
责任编辑：刘　超
责任校对：贾　荣
封面设计：异一设计
图文制作：MXK DESIGN STUDIO
责任印制：李　茗
出 版 人：曾庆宇
出版发行：北京科学技术出版社
社　　址：北京西直门南大街 16 号
ISBN 978-7-5714-2550-0

邮政编码：100035
电　　话：0086-10-66135495（总编室）
　　　　　0086-10-66113227（发行部）
网　　址：www.bkydw.cn
印　　刷：北京宝隆世纪印刷有限公司
开　　本：787 mm × 1092 mm　1 / 16
字　　数：400 千字
印　　张：15.5
版　　次：2022 年 11 月第 1 版
印　　次：2022 年 11 月第 1 次印刷

定　　价：98.00 元

目录

第一章　简介

2　生活美学与木作　　　　3　认识木旋

第二章　工具与技术

8　基本工具

　　车刀 ■ 固定木料配件

　　测量工具 ■ 车床

14　正确认识轴车削与面盘车削

16　研磨车刀

　　整平砂轮 ■ 轴车削车刀研磨

　　车碗刀研磨 ■ 打坯刀研磨

　　斜口车刀研磨 ■ 平端刮刀研磨

　　圆鼻刮刀研磨与改刀 ■ 切断车刀研磨

　　辅助研磨策略

36　木旋基础技术

　　制作勺柄的轴车削作业

　　制作勺头面盘车削作业

　　端面车削作业

46　高级木旋技术

48　实木家具类型

49　实木家具的设计与制作

53　实木家具的仿制

第三章　作品

57　单轴车削

59　木制磁铁

65　和氏璧隔热垫

71　方形吊灯

77　套环装饰吊灯

91　竹筒形花瓶

101　手环与戒指

109　多轴车削

111　熏香罐

117　杯盘

123　水波纹木盒

129　月岩木盒

135　木盆

143　四轴车削干花座

151　七轴车削叠石香座

161　飞碟珠宝盒

177　实木家具

179　温莎凳

193　温莎高脚凳

197　摇椅凳

209　战马

第一章

简 介

生活美学与木作

　　为什么许多人都在努力用建材模仿木料的质感？因为人们喜爱木料的温润和丽质天成。能够让内心平静，大概是我喜欢木作的原因。现实生活中，大多数人只以成败论英雄；唯有木作，在制作过程中容许误差和不完美，因为木头本身就不是质地均匀的材料，存在天然瑕疵。木作制作更多追求的是创意、质感，以及作品完成的成就感。

　　我在制作家具的过程中，深深地爱上了木旋，它将原本方正的轮廓转变为各种圆润的造型。木旋作品的设计过程赋予了制作者更多的发挥空间；手工制作能

够达到的技艺高度是自动化机器难以企及的。

　　基于我在《木旋入门》与《木工食器》中的介绍，很多人对木旋产生了浓厚的兴趣。《木旋入门》是一本技术书，《木工食器》则更像一本兴趣读物，它们的目标读者和思想理念是不同的。这是我的第三本关于木旋的书，主要针对木旋的深度爱好者，介绍刀具的研磨、多轴车削、实木家具的设计与制作流程等内容，同时也向入门者展现了木旋技术的广阔应用前景。期望这本书的出版可以激发读者的创意，帮助他们创作出理想的木工作品。

认识木旋

木旋是木工技术中的一个独立分支，木旋件可以是木工作品中的某个部位，比如桌腿、椅腿和拉手，也可以是一件独立作品，比如木碗、木盘和筷子。长期以来，木旋只在西方社会有较充分的发展，形成了完整的体系，出版了大量的参考书籍，在东方国家则是随着近几年来创客风潮与文化产业的兴起，才逐渐受到重视。木旋机器占地不大，只要搭配切割木料用的带锯和打磨工具，完全可以在自家的阳台上进行操作。初学者可以先在木工房学习基础的木旋技术，并利用闲暇时间练习，这样只需半年，应该就能获得不错的掌控度。之后就可以按照自己的思路设计作品，或者制作日常生活所需的物品，真正享受木旋带来的乐趣了。

许多人制作木工制品，却从来没有使用它们。你能体会用自己做的筷子吃面的感觉吗？你能体会用自己做的碗盛饭有多令人激动吗？你知道用自己做的砧板切菜有多令人兴奋吗？你知道用自己做的菜勺炒面有多特别吗？你知道坐在自己做的椅子上看书有多文艺吗？心灵的触动才叫作体验，才是我们学习木旋的根本原因。

木工房的大量涌现所带来的便利性与工具设计的进步，使得对木旋"入门级"和"高级"的界定也在改变。爱好者到木工房车削物件，车刀是木工房提供的，无须自己购置和携带，也不用自己打磨和保养。这样的入门者是为了单纯地享受制作过程与完成作品的成就感（晒到网上）。可更换刀片的车刀进一步降低了技术门槛，操作者甚至可以用刮削代替车削，刀刃钝了直接更换刀片即可。这与以往学习木工一定要从磨刀开始已经截然不同了，这种模式打破了传统木匠的思维，让这门技艺可以遍地开花，让木旋可以成为一种个人爱好。

与时俱进同样是重要的匠人品格，不用磨刀玩木旋，使用替刃式车刀车削作品的方式同样应予以尊重。时代在变，我们理应顺势改变。

在这里我们将引领读者由入门迈向进阶，一起探讨车刀的研磨、用刀的技巧，并制作外观有趣、时尚的木工作品，把木旋技术延伸至家居饰品、家具等复杂的或较大的物品制作上。

划分依据	等级	
	入门级	高级
刀具	使用木工房工具或替刃式车刀	购置刀具，自行研磨和改刀
车削技术	刮削或简单车削	刀法讲究，综合运用
木料固定方式与架刀	单轴固定、单一架刀	多轴固定、分段架刀
作品类型	单一曲线物件	复合曲线、组合式物件

在上方表格中，我们简单地把木旋技术分为"入门级"和"高级"。

很多爱好者在具备了一定的木旋操作经验后，会遇到作品设计的瓶颈，觉得木旋不过如此，除了旋切碗盘、烛台、钢笔，也玩不出什么花样。普通的轴车削和对木料体积的顾忌限制了人们的想象力。

本书主要探讨如何运用高级木旋技术创造出具有时尚感的木工作品。除了传统单轴车削形成的对称、单一曲线的作品，要创造出兼具时尚感与个性化的作品，需要采用多轴车削技术，并通过组装才能完成。庆幸的是，这样的木旋技术其实并没有某些人认为的那样艰深，只要具备清晰的空间感就可以掌握。在作品示例部分，我们关注的重点是制作流程而非尺寸，你的目标不是要做出跟作者一模一样的东西，而是要培养设计感和节奏感。

第二章

工具与技术

基本工具

车刀

当你具备一定的技术基础后，一定会想要购买一套自己专属的木旋车刀，不再依靠木工房提供的工具；此外，替刃式车刀在使用上有其局限性，处理轴车削件表面的效果并不是很好，通常只用在对端面车削作品的刮削与掏空上。传统的轴车削车刀、车碗刀、刮刀等刀具在处理作品造型方面具有更好的操控性，并能完成精细的角度雕琢，这是替刃式车刀无法完成的。木料不是均质材料，且具有方向性，复杂度较高，因此运用于木料上的传统车刀与原本运用在精工金属上的替刃式车刀本就存在差异。

木旋车刀的种类、尺寸和合理的用途已经整理在下方的表格中。这些刀具足以满足普通木爱好者掌握高级技术的需要，包括完成多轴与偏心车削，制作椅凳等组合式的实木家具。

刀具名称	建议尺寸	尺寸计算方式	车削类型	用途
打坯刀	¾ in（19.1 mm）	刀片凹槽的宽度	轴车削	将方料削圆。以车削方式去除大量木料
轴车削车刀	⅜ ~ ½ in，两种大小（9.5 ~ 12.7 mm）	金属圆棒部位的直径	轴车削	尺寸较大的用于塑形，尺寸较小的用于精修细节。也可用来进行刮削作业
斜口车刀	1 ~ 1½ in（25.4 ~ 38.1 mm）	刀身宽度	轴车削	用于塑形（特别是较长的凹凸曲面部分的塑形）、修整、刮削
切断车刀	⅛ in（3.2 mm）	V 形刀头的宽度	轴车削	用于切断木料、确定直径，也可以在面盘车削中制作沟槽
车碗刀	⅜ ~ ½ in 之间的大小两种（9.5 ~ 12.7 mm）	金属圆棒部位的直径	面盘车削	尺寸较大的用于打坯和塑形，尺寸较小的用于精修细节。也可在面盘车削中用于刮削作业
平端刮刀	1 in（25.4 mm）	刀身宽度	面盘车削	制作有锥度的底座、进行表面修饰，以及在刮削瓶、筒内部时限定深度
圆鼻刮刀	¾ in（19.1 mm）	刀身宽度	面盘车削	为弧形面（包括凹面和凸面）塑形和刮削。将刮刀立起30° ~ 75° 操作时，可以获得很好的面盘车削表面修饰效果，对端面孔隙的处理效果尤佳
掏空车刀	1号、2号或3号	刀身弧度	面盘车削	用于掏空和表面修整

固定木料配件

国外有很多特殊功能的卡盘，价格不菲，而且对一般的木旋爱好者来说并不是必需的，除非爱好者有意深入钻研木旋技术。如今国内的木工环境良好，木旋爱好者只需添购一套标准卡盘，搭配形状不同的卡爪进行替换，就可以满足基本需求。

车床的主轴箱和尾座作为固定木料的部位，可以根据车削对象的尺寸和造型进行调整，并可在操作过程中弹性搭配和变化。阅读右侧的主轴箱与尾座的常规搭配模式配件表格就可以一目了然。基本的主轴箱固定模式不外乎两种：前顶尖固定模式、花盘和卡盘固定模式；尾座固定模式则包括尾顶尖固定模式和夹头模式，抑或是移开尾座，只靠主轴箱固定配件夹持木料旋转的模式。

主轴箱	尾座
前顶尖	尾顶尖
花盘	尾顶锥
卡盘＋标准卡爪	钻头夹头
卡盘＋大尺寸卡爪	移开状态
卡盘＋长鼻卡爪	
卡盘＋短鼻卡爪	
卡盘＋塑料头点式平爪	

主轴箱与尾座的搭配模式，与轴车削或面盘车削的形式无关，关键是根据木料的尺寸和加工进度进行考虑。比如陀螺车削属于轴车削，但其只需用卡盘将木料的一端固定在主轴箱，移开尾座，保持木料的另一端悬空。

测量工具

除了卷尺、直尺、直角尺、角度尺、角度规等常规的木工测量工具，对木旋来说，最关键和专门的测量工具，就是游标卡尺、卡规和划线规。

1. 游标卡尺。不论是画轮廓线还是制作的过程，卡尺都能够精确测量部件直径，从而精细地控制操作。

2. 卡规。用两条金属片制成的测量木料厚度的工具，有的卡规带有刻度，有的则没有。卡规能够直观地测量壁厚，对于提升车削效率有很大帮助。

3. 划线规。划线规具有类似圆规的构造，两只金属脚的尖端能够直接在木料上画出极细的刻痕作为参考线；两只脚能够固定在一定的角度上，因此不会受到木料旋转的影响。

4. 自制直径控制模板。我们可以针对一些设计中常用的尺寸，在 3 mm 的木板上钻孔，再用带锯切开木板制成直径控制模板。该模板可以在车削过程中快速检查木料的尺寸是否符合要求。用木板制成的控制模板质地较软，因此不会像游标卡尺那样出现咬料现象。

车床

除了制作笔、伞柄这类物品可以使用功率较小的小型车床，一般我们会使用中型车床进行木旋。对于高脚凳腿或衣架等长度超过 60 cm 的木料，或者偏心较大、稳定度要求较高、需要避免晃动的操作，应该使用大型车床。

车床包括四大部分。

1. 主轴箱。主轴箱带有电机用以驱动木料，所以常被称为动力端。转速调整、扭力配置、电源、紧急停止等开关大都位于主轴箱。用于不同形式固定木料的配件，比如前顶尖和卡盘，也安装在这里。主轴箱的转轴中心到床身的距离即为车床所能容纳车削物件的最大直径。

2. 尾座。尾座可以根据木料长度在床身上滑动调整。主轴箱与尾座在安装固定木料配件后的最大距离，即为车床容纳车削物件的最大长度。

3. 刀架。刀架本身可以更换。在对较长的部件进行轴车削时，可以使用较长的刀架；在对碗、瓶类物件的内壁进行车削和掏空时，则可以换上较短的或是 S 形的刀架，以方便车刀深入。

4. 床身。床身的主体由两根粗钢组成，作为车床的主要支撑结构，为主轴箱、尾座和刀架提供固定的位置或移动用的轨道。中型车床没有配备金属落地脚，稳定度不及大型车床，但是却可以借由下方支撑桌面的调整获得适合自己的操作高度，以方便车削。

正确认识轴车削与面盘车削

　　木旋可依据木料固定的方向分成两大类。

1. 轴车削：木料的长纹理以平行于主轴的方式固定在车床上。

2. 面盘车削：木料的长纹理以垂直于主轴的方式固定在车床上。

　　在实际制作过程中，较为复杂的造型通常包括以下几种。书中所有作品的设计都要遵循让木料应力处于正确的方向上的原则。

1. 多偏轴轴车削类型

熏香罐、熏香座、飞碟珠宝盒的天线等多轴、偏心作品为长径比较大的物件，其车削形式为多偏轴轴车削，木纤维和纹理走向应与车床主轴平行。

2. 多偏轴面盘车削类型

灯罩坯料的尺寸与大碗坯料的类似，应按照面盘车削的要求固定坯料。木盆的车削与木碗无异，属于面盘车削；外侧壁面的偏轴车削可用车碗刀或轴车削车刀完成。

3. 组合车削类型

装饰面板类型。以盒盖为例，无论盖子是正方形还是长方形，其正面宽度远大于其厚度，因此归入端面车削类型，可使用车碗刀进行车削。理想的长方形盒盖木料，其长纹理应与其长边平行，短边位于木料端面。对于较扁的盒身，其四个侧面的纹理方向应与桌面平行，尤其是在用燕尾榫接合时，这样的整体纹理走向不会在制作过程中造成破坏；对于深筒状的方形盒身，其四个侧面的纹理走向可与桌面垂直，并以45°斜接的方式彼此黏合在一起。盒底板的纹理方向原则上与盒盖是相同的。

椅凳类型。座面的形状如为圆形，则以端面车削的方式制作，使用车碗刀进行车削；如果座面为矩形，以保持纹理方向与木料的长边平行进行车削为佳。椅腿的木料纹理方向平行于轴向，其加工方式一般属于轴车削。

研磨车刀

车刀保持锋利状态的关键，就是让刀刃两侧的斜面处于最佳角度，这样的车刀既具有良好的切削性能，又不会轻易卷刃。稳定连贯的动作、贴合磨刀石的正确角度是形成刀刃两侧绝佳斜面的关键。

研磨车刀时应先研磨一侧刃面，这样会在另一侧形成金属毛刺，只要研磨角度正确，去除毛刺后就可以得到锋利的刀刃。

你可以借由下面的照片感受车刀刃面的形成：白色箭头表示砂轮的旋转方向；七种主要车刀有各自匹配的刀架；刀刃以适当的角度贴合砂轮，就可以形成锐利的刀刃。

　　上页图为平端刮刀研磨，从本页起始，由上至下、由左至右的顺序分别为：轴车削车刀研磨、车碗刀研磨、打坯刀研磨、斜口车刀研磨、切断车刀研磨和圆鼻刮刀研磨。

　　木旋车刀的保养与研磨其实并不困难，正确研磨车刀能获得更加愉悦的车削体验，促进技术的提升，得到满意的作品造型。车刀的锋利程度也会直接影响到车削过程的安全性，一把变钝的车刀很可能导致木料因受力不当而被顶飞。

　　由于木旋车刀体积较大，刃口多为弧形，无法用一般的平面磨刀石完成研磨，因此主要使用砂轮机或水冷式磨刀机进行研磨。使用砂轮机时，如果对研磨过程掌控的不好，过高的温度会使刀具退火，因此建议使用水冷式磨刀机进行研磨，这一点对木旋入门者来说尤为重要。

　　水冷式磨刀机配备了水冷系统，车刀不会过热，也不会降低刃口强度，所以比用砂轮机研磨的刀具更耐用，同时降低了研磨频率，最终达到省时、省钱的目标。

　　水冷式磨刀机的磨刀系统带有角度设定器，可以用来调整不同刀架与砂轮磨刀石之间的距离，以获得与车刀的原装刃口相同的研磨角度。就木旋来说，每一种车刀与刮刀都有其专门的夹具配件，可以配合不同的刀具形状和制作工艺，形成不同的角度面，为研磨创造最佳条件。弧形刀刃的轴车削车刀和车碗刀可以使用同一种夹具配件来完成立体式的刃口打磨，轴车削车刀和打坯刀也可以使用与斜口车刀相同的夹具配件打磨出平口的弧形刀刃。

水冷式磨刀机的具体运作方式：基于检查刀具的角度与功能，或是想要实现的刀具功能，在原厂附带的选择表上找到相应的类别，得到所需的夹具设置、刀具伸出长度和合适的刀架－磨刀石间距。下图选择表上的分类包括标准型与专业型，前者刃口的打磨过程较容易操控，后者需要精细的操作和熟练的掌控能力。

1. 夹具角度

以弧形刃口的刀具夹具来说，可将夹具调整到不同的刻度形成不同的研磨角度。机器说明中常以 JS 搭配挡位数值表示夹具设置情况。

2. 刀具伸出长度

角度设定器的直角槽方便操作者靠在桌子上调整刀具的伸出长度，有 55 mm、65 mm、75 mm 三种尺寸可选。机器说明中常以 P 值表示该参数。

3. 刀架－砂轮间距

角度设定器通常有两种不同的使用方式，分别针对刀具和凿子。角度设定器的每侧都有方便将其吸附在磨刀机上的磁铁。角度设定器经过了简化设计，只需 A、B 两个孔洞就可以调整刀架横杆与砂轮的间距，因此机器说明中也常用 Hole A 或 Hole B 表示参数设置情况。你要做的就是保持前端的两个金属圆片同时贴合砂轮，然后左手稍稍施力下压，同时右手转动砂轮，如果两个金属圆片能够同时转动，即代表刀架横杆与砂轮的距离设定无误。

通过这种简单的数学关系，以上三个参数就可以形成研磨刀具所需的架设位置。

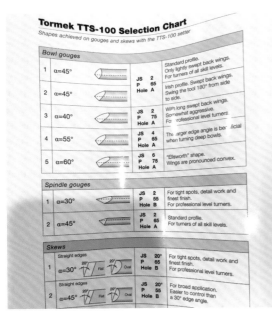

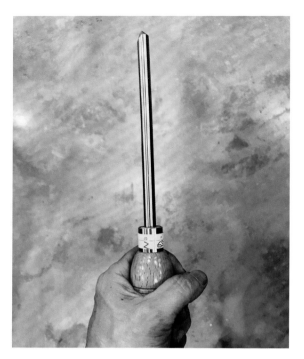

第一次磨刀完成后，可以在刀柄处贴上标签，将夹具角度、刀具伸出长度和刀架－磨刀石间距的数值记录下来，这样在下一次磨刀的时候就可以直接架设，既节省时间又能保证研磨角度。如果没有贴纸，也可以用油性笔将数据记录在车刀柄的金属箍上。

用水冷式磨刀机研磨刀具时，需要用指尖施加一些压力，这样可以让研磨更有效率。

研磨一段时间之后，即使砂轮表面看上去仍然平整，但研磨刀具时产生的金属屑已经填满孔隙，可能会使研磨效率下降，这时候可以用磨刀石处理砂轮表面，使其重新被激活。

水中的金属屑也可能会因为溅水遗留在刀架横杆上，造成刀架水平移动不顺畅，因此也要及时清理横杆。

使用水冷式磨刀机研磨刀具的步骤如下：

1. 整平砂轮。

2. 选用刀架，设定夹具角度，使刃口贴合于砂轮表面。

3. 设定刀具伸出长度。

4. 设定刀架－磨刀石间距。

5. 开启电源进行磨刀。

6. 去除研磨产生的毛刺和金属屑。

要研磨好一把刀具，关键是整平磨刀石。平整的磨刀石和正确的刀架角度结合起来，才能将刃口处理到需要的角度。接下来我们会从整平磨刀石开始，逐步介绍各种类型车刀的研磨方式。

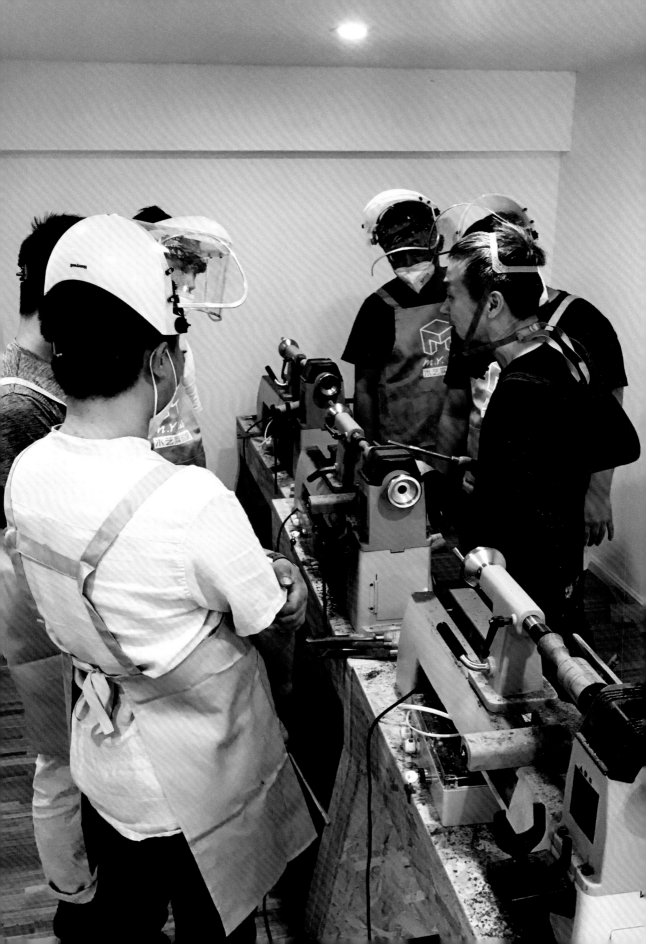

整平砂轮

2. 盛水盘内标有的最大盛水高度可为注水提供参考。如果盛水盘长期处于干燥状态，一次的注水量通常是不够的。

1. 在开始整平前的1小时为磨刀机的盛水盘注水，并让整个砂轮均匀吸水至饱和。

3. 安装连杆并套上整石器。

4. 固定旋钮位于整石器的后方，前方的两个旋钮则用于左右移动下方的螺丝，磨去磨刀石表面的凸起部分。

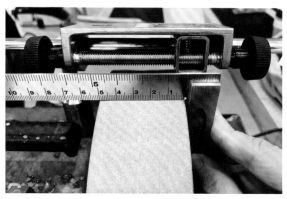

7. 当磨刀石表面的颜色变得均一时，用直角尺检验磨刀石的平整性。

5. 蹲下身体观察磨刀石的最低点，将螺丝移至该处后固定整石器。通常磨刀石表面的低洼区域颜色较浅。

6. 打开电源，缓慢移动整石器螺丝，可以看到凸起的深色区域被去除，露出磨刀石原本的颜色。

8. 先使用平整的双面磨刀石目数较低的一面轻轻整平砂轮表面，再用目数较高的一面去除细小颗粒。

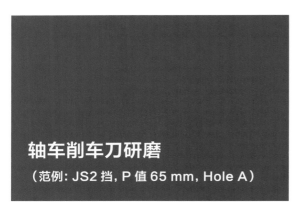

轴车削车刀研磨

（范例：JS2 挡，P 值 65 mm，Hole A）

2. 将弧形刀刃车刀的研磨夹具调到 JS2 挡。

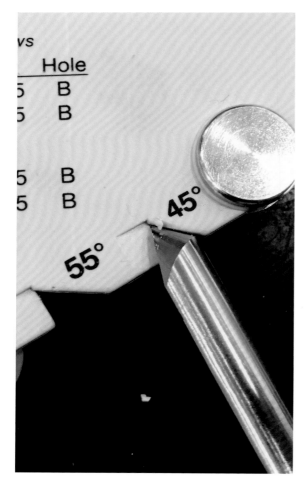

1. 使用弧形刀刃专用刀架研磨。用角度设定器上的刻度确认轴车削车刀刃口的原始角度为 45°；我们要将它改为 30° 的专业等级研磨角度。

3. 刀具伸出长度 P 值设定为 65 mm。

4. 刀架－磨刀石间距对应设置为 Hole A。

5. 启动磨刀机，围绕车刀自身主轴，原位转动车刀以研磨刃口。

7. 用弧形皮轮部分去除轴车削车刀内凹侧的金属毛边。如此内外两面操作，重复 5 次。

6. 在刃口处涂抹金属研磨膏，用平面皮轮去除金属屑和毛边。

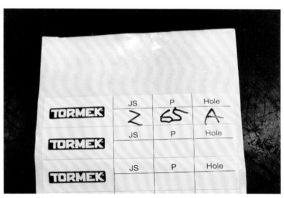

8. 将 JS2 挡、P 值 65 mm 和刀架－磨刀石间距对应设置 Hole A 写在贴纸上。

9. 把贴纸贴在车刀柄的金属箍部位，作为下次研磨的参考。

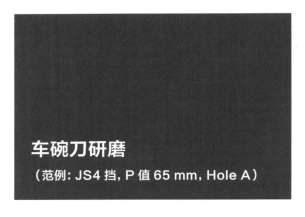

车碗刀研磨

（范例：JS4 挡，P 值 65 mm，Hole A）

3. 刀具伸出长度 P 值设定为 65 mm。

1. 用角度设定器上的刻度确认车碗刀刃口的原始角度为 55°，属于深槽口车刀。我们仍按照 55° 的原始角度对其刃口背侧进行研磨。

4. 刀架 – 磨刀石间距对应设置为 Hole A。

2. 将弧形刀刃的夹具配件设定为 JS4 挡。

5. 启动机器，打磨刀刃右翼。再将刀刃逆时针旋转至左侧贴合砂轮，打磨其左翼。

6. 就这样左右交替，逐渐将刀刃研磨均匀；注意左右翼的刃口长度要一致。

9. 将JS4挡、P值65 mm与刀架-磨刀石间距对应设置Hole A写在贴纸上，把贴纸贴在刀柄的金属箍上，作为下次磨刀的参考。

车碗刀改刀（范例：JS6 挡，P 值 75 mm，Hole A）

7. 在刃口处涂抹金属研磨膏，用磨刀机左侧的平面皮轮将刃口背侧的金属屑去除。

1. 最近几年流行的车碗刀造型有别于传统车碗刀，需要将两翼刃口延长，以增加车削与刮削范围。要磨出这样的刃口，应该以槽口较深的车碗刀为基础进行改造。保持刃面向下，先研磨并延伸两翼刃口以提高研磨效率。

8. 用弧形皮轮去除弧形刀刃内凹侧的毛边。

2. 翻过车刀并观察，两翼刃口已延伸到位，现在只需将两翼部位的金属磨薄，就能形成锋利的刃口。将车刀放在刀架上，针对两翼部分加强研磨，要及时观察打磨状况，确认两翼的厚度和对应的锋利程度是否已达到要求，同时应避免过度打磨中央部位的刃口。

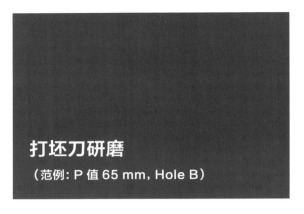

打坯刀研磨

（范例：P 值 65 mm, Hole B）

3. 为打坯刀设置 P 值，与 Hole A 或 Hole B 模式搭配，找出能让刃口背侧贴合砂轮表面的组合值。

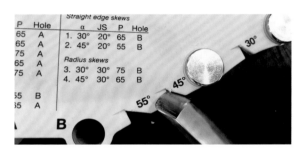

1. 打坯刀本身在选择表（第 19 页）上找不到对应的类别，因为其研磨较为简单，只要将刃口背侧贴合在砂轮表面，就能完成研磨。如果我们仍希望固定一个研磨角度，那可以自行检测原始数据并记录下来。使用角度设定器上的刻度找出刃口的原始角度，对上图的打坯刀来说，其刃口的原始研磨角度是 45°。

4. 将刀架横杆设定在 Hole A 或 Hole B 模式，与 P 值匹配，找出能让刃口背侧贴合砂轮表面的组合值。

2. 打坯刀所用刀架与斜口车刀相同，只是中间拆除了用来固定斜口车刀角度的固定件。

5. 启动电源，围绕打坯刀自身主轴，稳定地左右转动车刀，左手手指稍向下施力，使砂轮均匀研磨整个刃口背侧。当刃口背侧全部被研磨、刃口成为一条直线时，

研磨就完成了。打坯刀与轴车削车刀相同，刃口是围绕金属杆部分的主轴分布的。

6. 磨刀石本身是圆形的，因此研磨出的刃口背侧会略有弧度。

8. 接下来将刀刃内凹侧的金属屑和毛边去除。像这样处理内外两面，重复 5 次，就能得到非常锋利的刀刃。

7. 将金属研磨膏涂抹在刃口背侧，先用磨刀机上的皮轮进行抛光。

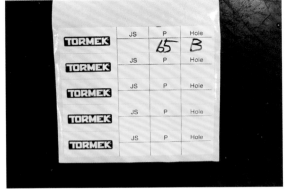

9. 将自己确定的 P 值 65 mm 和刀架－磨刀石间距对应设置 Hole B 写在贴纸上。把贴纸贴在刀柄金属箍上，作为下次磨刀的参考。

斜口车刀研磨

（范例：JS 为 20°，P 值 65mm，Hole B）

1. 用角度设定器上的刻度测量出斜口车刀刃口的原始角度为 30°。我们按照 30° 的专业等级研磨角度进行研磨。

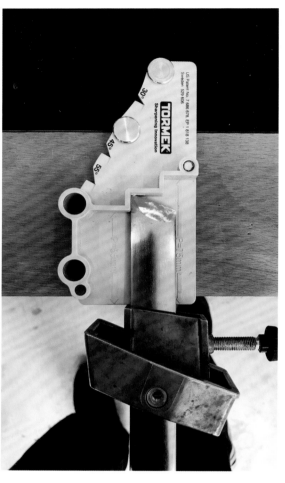

3. 刀具伸出长度 P 值设定为 65 mm。

2. 斜口车刀的夹具比打坯刀多了一个用来固定角度的金属配件，以便于刃口在垂直于砂轮的方向上转动。夹具角度值为 20°。

4. 刀架 – 磨刀石间距的对应设置为 Hole B。

5. 启动车床开始打磨，双手食指与拇指呈 L 型握持刀架和刀身，左右来回平移刀架，食指稍用力下压刃口。

7. 研磨完成后用磨刀机左侧的平面皮轮打磨刃口两侧，重复 5 次。

6. 将车刀翻转，继续打磨刃口背侧斜面。待两侧研磨面密合成一条线，锋利的刀刃就做好了。

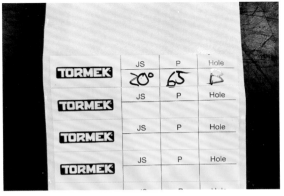

8. 将 JS 值 20°、P 值 65 mm 与刀架 – 磨刀石间距对应设置 Hole B 写在贴纸上。把贴纸贴在刀柄金属箍上，作为下次研磨的参考。

平端刮刀研磨

2. 刀架能消除砂轮向上拖带的力量，只需对刃口施力稍向下压，左右来回匀速滑动，便可以利用砂轮的弧面将刃口及其背侧的交汇线研磨到与凿子类似的形态。

3. 刃口剖面应带有轻微的弧度。

1. 刮刀的截面与木工凿类似，所以可以用凿子的研磨刀架来固定刮刀，也可以使用斜口车刀的刀架，调整刀架角度，使刃口与砂轮表面垂直进行研磨。可以把平端刮刀看作一只宽度较大的凿子，只需将刃口与其背侧平面的交汇线处理好，就可以保证刃口锋利。用记号笔标记并调整刀架，使刃口贴合砂轮表面开始研磨。

4. 打磨完成后，在刃口处涂上金属研磨膏，用平面皮轮去除刃口两侧的金属屑和毛边。

圆鼻刮刀研磨与改刀

切断车刀研磨

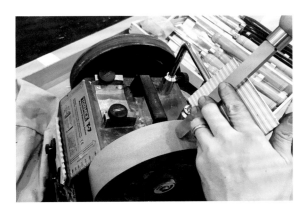

1. 将连杆置于上侧固定孔，装上平面刀架，调整圆鼻刮刀使刃口贴合砂轮、刀身贴合刀架。以刀刃为中心，像钟摆一样左右摆动刀身，完成研磨。

1. 将连杆移至上侧安装孔并安装平面刀架；用记号笔在刀刃上做记号，手动转动砂轮，通过油墨消除的方式来判断调整刀架，使切断车刀的刀刃弧形面贴合在砂轮表面，开始研磨。

2. 圆鼻刮刀的改刀通常是将刀刃两侧的弧形改成单侧弧形，这种刀型在修整端面车削作品的内壁面时增加了操作距离和灵活性。可以用砂轮侧面完成改刀。

2. 翻转车刀，研磨另一侧弧形刃面。两个弧形刃面形成的最佳交汇点就是锋利的刃尖。注意下压车刀时刃面与刀架的贴合性和垂直关系，以免影响研磨角度。

辅助研磨策略

在实际的操作过程中,由于市面上存在很多功能类似的其他品牌的磨刀机,你可能会遇到没有配套的角度设定器,抑或是你选择的木工房没有准备角度设定器的情况,此时可以采用以下应对策略。

1. 使用记号笔在刀刃背侧做标记,利用砂轮的转动来检查记号消失的程度,判断刀架与砂轮之间的角度设定是否能使刀刃背侧与砂轮表面完全贴合。

2. 为各种刀具自制不同角度的木模板。

以下是几种主要类型的车刀,通过记号笔做记号的方式进行判断调整的说明。

1. 车碗刀

用记号笔在刀刃背侧画上记号,手动转动砂轮,调整其与弧口车刀刀架的距离,直至记号能够百分之百被消除。

2. 轴车削车刀

使用与斜口车刀、打坯刀相同的刀架进行研磨。

同样在刀刃背侧画上记号,然后调整连杆,让轴车削车刀的刀刃背侧找到与磨刀石的最佳贴合角度。手动转动砂轮,当记号接近百分之百去除时,角度调整就完成了。

3. 打坯刀

　　使用与斜口车刀相同的刀架进行研磨。

　　用记号笔在刀刃背侧做记号，准备调整刀刃与磨刀石间的角度。将刀刃贴在磨刀石表面，调整连杆前后的距离，通过侧面观察，让刀刃背侧紧贴磨刀石表面。

　　手动转动磨刀石，可以看到记号笔的笔墨被带出。反复检视并用记号笔做标记，使刀刃紧贴磨刀石表面，调整连杆，直到磨刀石可以一次性完全消除记号，此时刀刃背侧与磨刀石的角度就调整到位了。

4. 斜口车刀

　　用记号笔在刀刃背侧画上记号，手动转动砂轮，调整其与刀架的距离，直至记号能够百分之百被消除。

木旋基础技术

　　木旋操作可分为轴车削与面盘车削两大类。轴车削使用轴车削车刀和斜口车刀来完成车削与刮削作业，面盘车削则使用车碗刀和刮刀进行车削与刮削。此外，轴车削有时需要针对端面进行掏空作业，需要用到特定的端面车削技巧。每种车刀和刮刀都有其最佳的使用方式，以产生最高的操作效率。在正确的场合使用正确的刀具，能够降低发生咬料的概率。

　　刀具不能脱离刀架使用，车刀和刮刀都要倚靠在刀架上移动。刀架高度遵循与木料轴心所在的水平面高度一致的原则，因此刀架会随着木料车削后变小的直径与需要使用的车削技法进行动态调整。调整刀架前，一定要先将车床的电源关闭。

　　原则上，轴车削的切削操作都发生在轴线以上（包含轴线）时较为安全；轴车削的刮削操作，可以扩展到在轴线稍向下的位置。面盘车削的切削与刮削操作均发生在轴线以上。

　　刀架与木料的间距不能超过 1 in（25.4 mm）。切削类刀具的使用原则，基本上是让刀刃背靠木料以取得支撑，让木料迎面接触刀刃，而不是过于主动地进刀。

　　接下来我们以一只木勺的制作为例来说明车削的技巧：其勺柄部位采用轴车削的刀法制作，而勺头则主要使用面盘车削的刀法制作。另外，我们还会介绍使用单独的木料进行端面车削的刀法。

制作勺柄的轴车削作业

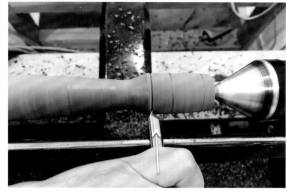

3. 轴车削车刀开槽。将轴车削车刀侧立，使其刀身与木料轴线成90°，刃口切入木料后能形成一个弧形凹槽，可以以此为基础分割车削区域，抑或是制作沟槽。

1. 打坯刀可以把木料削方成圆。将车刀刃口朝上，刀刃下缘于轴线水平高度处进刀，也就是此时刀架要低于轴线半个车刀槽口的距离。

4. 轴车削车刀切削。刀刃背侧贴靠木料，侧转车刀使其与木料轴线成30°角，于轴线水平高度处进刀。用刀时可转动车刀，使其与木料轴线的角度增至60°，以增加切削量。切记，不可使弧形刃口正面朝上。

2. 打坯刀车削。将方料旋切成圆柱后，可以继续使用打坯刀车削以去除大量木料；侧转刀刃，使其与地面成30°角，以刀刃背侧贴靠木料进行车削。

5. 轴车削车刀垂直切削。将刀刃背侧贴靠木料向轴心方向进刀，可形成垂直于轴线的端面壁。由于刀刃背侧贴靠木料，刀身与木料轴线存在一定夹角（偏离垂直状态）。

6. 轴车削车刀刮削。使刀刃处在轴线水平高度稍向下的位置进刀，即刀架处在轴线水平高度，刀刃朝左，则用刀刃右下部分刮削。

9. 斜口车刀开槽。将刀身侧立，刀刃锐角尖端在下，垂直于轴线进刀。通常用于分割左右车削区域，抑或是用于制作 V 形沟槽。

7. 刀刃朝右，则用刀刃左下部分刮削。

10. 斜口车刀小弧度凸面车削。斜口车刀的钝角尖端在下，车削时使用的刀刃长度不超过刀刃总长度的二分之一，刀刃背侧贴靠木料，由斜上向斜下方车削。

8. 斜口车刀剥皮车削。将车刀架在刀架上，在木料轴线水平高度处进刀，用来去除大量废木料，抑或是制作夹持用的夹持头。

11. 斜口车刀大弧度凸面车削。斜口车刀的锐角尖端在下，车削时使用的刀刃长度不超过刀刃总长度的二分之一，刀刃背侧贴靠木料，由外向内水平进行车削。

12. 斜口车刀垂直车削。将车刀侧立，以刀刃背侧贴靠木料，向轴线方向进刀。由于刀刃背侧贴靠木料，所以车刀的倾斜角度与刀刃角度相同。

15. 切断车刀车削。将刀身侧立，使其与木料轴线成90°，于轴线水平高度处进刀。左右交替进刀可避免产生烧灼痕迹；进刀接近轴线时应放慢速度，以免形成过大的缝隙。

13. 斜口车刀小弧度凹面车削。车刀的钝角尖端在下，刀刃背侧贴靠木料，放在轴线水平高度处，从木料侧面进刀。随着车削的深入，车刀会逐渐翻滚至木料上方。

制作勺头的面盘车削作业

14. 斜口车刀大弧度凹面车削。斜口车刀的锐角尖端在下，刀刃背侧贴靠木料，放在轴线水平高度处，从木料侧面进刀。随着车削的深入，车刀会翻滚至木料上方。

1. 车碗刀正曲面拉削。车碗刀侧立，与刀架成90°角，于轴线水平高度处进刀。保持刀身与加工面成45°角，以平行移动的方式去除木料阳角，此时刀刃背侧未贴靠木料。这种操作方式通常用于面盘车削打坯。

2. 车碗刀推削。刀刃背侧贴靠木料，沿木料外缘向动力端进刀，逐渐去除废木料并进行塑形。进刀时刀刃由上向下摆入，刀身成水平状态。

3. 车碗刀凸面变换车削。当部件已具雏形，用拉削与推削结合的方式，一气呵成地运刀推进，这种车削方式被称为变换车削。车削过程中，刀刃背侧也会经历未贴靠木料和贴靠木料的转换。

4. 车碗刀凸面刮削。将车碗刀 80° 侧立，通过刀刃下缘轻触木料进行刮削，进刀部位在轴线以上才可以保证安全。

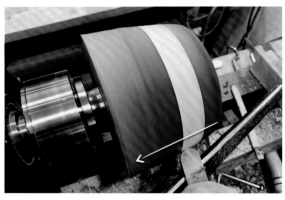

5. 圆鼻刮刀凸面外壁修整。将刮刀水平放置或侧立75°，减小刃口与木料的接触面积。这种方式通常用来去除端面缝隙。

6. 深槽车碗刀内外壁修饰车削。深槽车碗刀由于刀刃两翼高耸，等同于刀刃背侧贴靠着木料，这样车碗刀不会发生咬料被向下带，因此可以将刃口朝上用刀。这种车削方式通常在面盘车削的最终表面修饰时使用，去除端面缝隙的效果尤其出色。深槽车碗刀与打坯刀是仅有的两种可以刃口朝上使用的车刀。

7. 车碗刀凹面车削。以刀刃背侧贴靠木料，由外缘向内车削；进刀时刃口略由上向下摆。车削时刃口的指向会从 1 点钟方向，逐渐回到轴线水平高度的 3 点钟方向。

8. 平端刮刀内壁掏空刮削。调整刀架，使刃口于轴线水平高度处进刀，这样效果最佳，因为刮刀不能在低于轴线水平高度的位置使用。每次刮削的深度以不超过刃口宽度的二分之一为佳。

9. 圆鼻刮刀凹面内壁掏空刮削。调整刀架，使刮刀于轴线水平高度处进刀。圆鼻刮刀进行的掏空刮削会形成弧形的凹面。

10. 1 号掏空车刀内壁刮削。将刀架后移，调整至掏空车刀金属平面的安全放置区域，以获得最佳杠杆效应。保持金属刀柄与刮削面成直角，于轴线水平高度处进刀。

11. 对于瓶类作品的制作，可用 2 号或 3 号掏空车刀进行后壁的掏空，操作路径通常是由底面向外。

12. 圆鼻刮刀凹面内壁修整。将刮刀 75° 侧立, 减小刃口与木料的接触面积, 此时修饰效果最佳, 能够去除端面缝隙。

14. 轴车削车刀面盘精修。面盘车削进行到最后时, 可用轴车削车刀或细节车刀进行细节线条或凹槽的制作。因为刃口造型的缘故, 这两种车刀会比车碗刀容易操作。

13. 车碗刀檐口制作。碗盘的檐口部分可用车碗刀进行制作。由于在该部位进行车削时, 内外壁的木料已经变得较为单薄, 容易引起振动, 可以用左手四指在木料后方提供支撑稳定木料, 分别车削檐口的内、外侧, 完成塑形。

15. 上图为刮削完成后, 未经打磨的勺头部分。

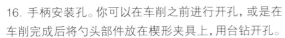

16. 手柄安装孔。你可以在车削之前进行开孔，或是在车削完成后将勺头部件放在楔形夹具上，用台钻开孔。

1. 轴车削车刀端面刮削。刀身顺时针侧转 45°，于轴心水平高度处进刀，进刀时朝向轴心的 2 点钟方向，进刀后以刀架作为支点，右手向右侧推动手柄，让刀头向左侧移动至 10 点钟方向，逐步刮削掉端面木料。刮削仅限于轴线水平高度处，刀身从头至尾都要维持在侧立 45° 的角度。此种方式为最好操控的端面车削。

2. 轴车削车刀端面车削。将刃口朝向 1 点钟方向，以车碗刀面盘车削的方式顺时针推进进行车削，刃口最终会回到轴心处。

4. 圆鼻刮刀端面刮削。经过轴车削车刀处理的端面，可用圆鼻刮刀进行表面修饰；或者用圆鼻刮刀直接掏空端面，这种操作其实是更容易操控的。

3. 车削过程中如果阻力过大，可以用左手食指倒扣住刀架，增加操作的稳定性。

高级木旋技术

通常我们见到的轴车削或面盘车削操作都是围绕一个轴线旋转，该轴线是主轴箱轴心与尾座轴心之间的连线，称为车床主轴；围绕主轴制作的作品是轴对称的。要使木料产生非对称性的曲线，则作品应该具有不止一条轴线，这样才能让部分木料避免被车刀车削到。这种车削称为多轴车削。

多轴车削又可以分成与车床主轴平行的平行多轴车削，或是非平行的多偏轴车削。

1. 单轴车削。物件一次性完成，或者虽然在制作过程中有不止一次的掉头车削，但都围绕同一轴线完成。这样的车削不论是轴车削或面盘车削，都属于单轴车削，如左上方照片所示。
2. 平行多轴车削。如左下方照片所示，以夹板为底板，将木料移动并固定在不同位置，照片中的木料包含了一个正轴和与之平行的多个平行轴，是一件平行多轴车削作品。

3. 多偏轴车削。在右上方的照片中, 将木料略微侧偏, 以卡爪内撑固定, 然后使用切断车刀车削出深浅不一的沟槽, 是一件包含一个正轴、一个偏轴的作品。

4. 在右下方的照片中, 将木料侧偏夹持形成 5 个偏轴, 从而使茶杯壁面产生随机的、深浅不一的制陶纹路, 这件作品也属于多偏轴车削作品。

  国外有专门针对偏轴车削的卡盘产品, 但都价格昂贵, 因此建议爱好者充分利用标准卡盘或顶尖来获得平行轴与多偏轴的效果, 除非现有装备真的已经限制了你的想象力。

实木家具类型

有别于生硬的教科书式的家具设计流程，我们练习用自己的眼睛去拆解一张在家里或小吃店中常见的木板凳或椅子，这样最为直观。所有的座椅都跳不出座面＋椅腿＋椅背＋扶手的构造。座面＋椅腿可以视为椅子的下部构造，椅背＋扶手则是椅子的上部构造；如果只有下部构造，椅子就变成了凳子。

经过视觉上的拆解后，再结合木材的长纹理方向来考虑各部件的最佳受力状态，就可以发现，一张实木座椅的制作过程无非就是一系列的面盘车削与轴车削的组合。我们只要将各种座椅拆解成各个部件，并标示出木料的长纹理方向，就可以一目了然。

2. 板凳类：方座面＋椅腿（轴车削）＋横档（轴车削）。

3. 摇椅类（包含木马）：方座面＋椅腿（轴车削）＋横档（轴车削）＋摇板。

1. 圆凳类：圆座面（面盘车削）＋椅腿（轴车削）＋横档（轴车削）。

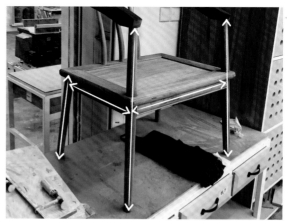

4. 座椅类：拼板或框架方座面＋椅腿＋扶手＋椅背（轴车削）＋横档（轴车削）或挡板。

实木家具的设计与制作

读者只要秉承"视觉拆解"的理念，落实对家具的尺寸控制，就可以按照自己的设计制作一把实木座椅了。实木家具的设计和制作流程介绍如下。

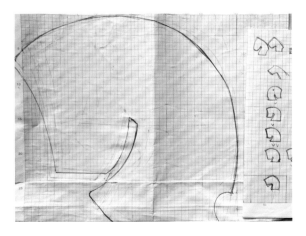

2. 用方格纸 1：1 绘图和制作卡纸模板。用带有内格的 75 cm×50 cm 的 A1 方格纸来绘制椅凳类家具最为合适，因为正常的座面都不会高于 45 cm，正常高脚凳的高度在 66 cm 左右。如果带有椅背或规格特殊的，可以购买 A0 方格纸或用 A1 纸拼接制图。基本没有问题后，将各部件的纸样裁剪下来，用喷胶粘在卡纸上，方便现场制作时画线。

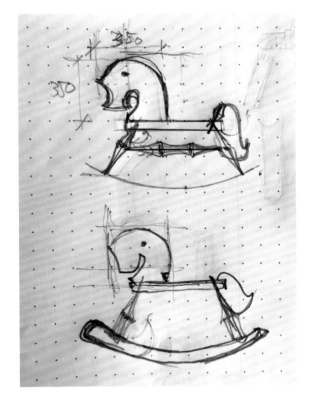

1. 绘制草图。在带有点线或格子的笔记本或方格纸上先画出大致的比例草图来。经过修改后如果比例恰当，再绘制大比例图纸。

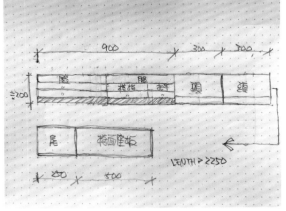

3. 拣料。开料前，将各部件根据长度和厚度归类，这样可以使坯料的利用率达到最高。

4. 开料。选择尺寸合适、可以使利用率达到较佳的坯料进行开料。木料的纹理以适合作品风格为最佳。举例来说，用弦切材制作的作品纹理比较花俏，其表面的长纹理为山形纹，很好判断。用大型带锯及斜切锯进行开料。

6. 裁切。根据设计尺寸，在台锯上锯切木料。

5. 整平。将当天可以细加工完成的木料用平刨及压刨进行整平。

9. 组装。针对已完成的各部件先进行干接,没有问题后拆开,涂抹木工胶后完成正式组装。

7. 画线。将各部件需要细加工的部位,用画线器或木工铅笔画出加工参考线。

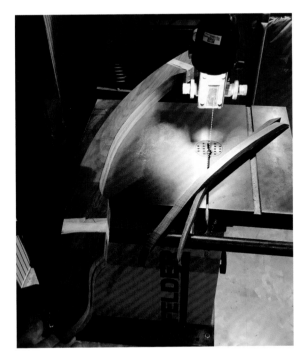

10. 表面处理。用砂纸进行机械与手工打磨,完成后用木蜡油处理木料表面。

8. 加工。用带锯、电木铣、铣床或车床对木料进行加工与塑形。

一般人在实木家具的设计与制作过程中只关注接合件的制作与组装流程，其实最需要重视的应该是不同椅型应力分布的情况（可以让家具更为耐用），是读者要特别留心的精髓。

以照片中的温莎椅为例，我们必须将两根横档的两端在对应的椅腿间距和榫孔深度之和的基础上分别增加 3 mm 的长度，使其在进入椅腿完成组装后，让椅腿对横档产生向内的压力，以对抗站起和坐下时横档产生的向外的张力，有效防止横档松脱。人们一般会认为，横档是靠榫头的接合强度产生对横档榫头的

拉力，事实恰恰与此相反。

横档长度 = 椅腿榫孔间距 + 两侧榫孔深度（即接合部位的半径）+ 3 mm + 3 mm

基于这样的认知，即使椅腿的截面直径经过车削后略小于设计尺寸也不会产生问题，因为榫头是靠压力，而非拉力与椅腿接合的。这与明清家具的构造原理是完全相同的。从迈克·邓巴（Mike Dunbar）先生所著的《制作一把温莎椅》（*Make a Windsor Chair*）中可以了解到这样的技巧。

实木家具的仿制

　　出于尊重知识产权的考虑，家具的仿制一直是木工界的禁忌话题。尽管如此，家具仿制仍然是广大木工爱好者学习家具制作时不得不去做的事情。

　　正是因为大师的作品有着超越常人的品位，受到众人的膜拜与喜爱，所以不可避免地成为模仿对象。个人仿制应仅限于在自己家中使用或用于提高个人的木工技艺，千万不可制作贩卖，从中获利。

　　正常来说，有些人可能会购买一张原版的椅子，经过仿制或者小幅改动后，在工房中完成制作，再拿回家中使用。除了使用一些业已公开的图纸，还可以通过以下方式获得可以练手的实物图纸。

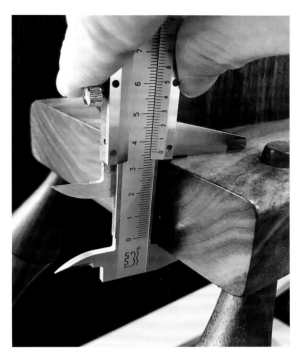

1. 描型

　　针对扶手、摇板等不规则的立体部件，可以在方格纸上描绘部件的正面和侧面轮廓。这个过程可能需要运用一些几何标注方法，也可能不需要。

2. 测量

　　通常需要测量的参数包括长度、直径、厚度、角度等。角度通常包括木料的正向和与其正交的侧向两个不同方向的角度。这两个角度可以单独制作，也可以合起来形成复合角。

3. 绘图

　　将所得到的数据汇总，用方格纸或绘图软件制作尺寸图与大样图。通常可以在这个阶段进行参数修改。

4. 打版

　　根据图纸制作纸版，将其作为画线模板，用来将尺寸转移到待加工的木料上。

第三章

作 品

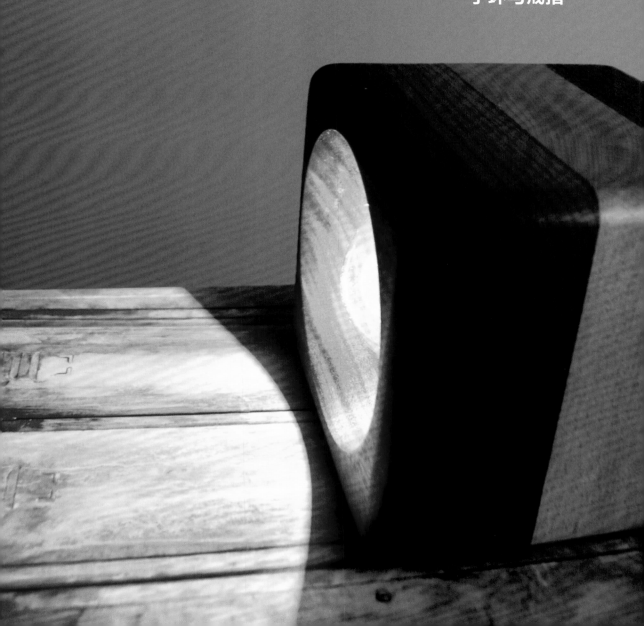

单轴车削

木制磁铁
和氏璧隔热垫
方形吊灯
套环装饰吊灯
竹筒形花瓶
手环与戒指

木制磁铁

木料种类: 胡桃木、榉木
木料尺寸: 50 mm×50 mm×100 mm
车削类型: 轴车削
学习重点: 劈裂木料的黏合、圆锥车削

3. 选取其中较厚的那块木料放在台钻的台面上, 钻取直径 25.4 mm、深度略大于 5 mm 的孔。

1. 用台钳把一块尺寸合适的木料固定到木工桌上, 将一把刃口宽 25 mm 的凿子竖直抵在木料端面的中线上, 保持凿子竖立, 用木槌敲击凿柄, 顺纹理凿开木料。

4. 在孔的底部涂抹快干胶。最好选用膏状的快干胶, 以获得较好的磁铁固定效果。

2. 凿入约 5 mm 深, 就足以像劈柴那样将木料劈开了。只要木料上端裂开, 即可用手将木料掰成两块。

5. 将直径 25 mm、厚 5 mm 的磁铁放入刚刚涂抹了快干胶的孔内黏合牢固。

6. 待快干胶完全凝固后,在两块木料的劈裂面涂抹 2 号木工胶。

9. 用斜口车刀在木料左侧末端车削出长度为 8 mm 的夹持头。

7. 用两个 G 形夹夹紧木料,任由快干胶从胶合面溢出,确保木料可以紧密胶合,恢复到接近未劈裂前的状态。

10. 取下木料,换用卡爪固定,进一步整圆木料。

8. 在胶合木料的两个端面画对角线以确定圆心,然后用轴车削的方式将其固定在车床上,用打坯刀将木料削圆。

11. 圆锥体的成品高度为 80 mm,你需要根据车削进度,逐步调整刀架的倾斜角度,使刀架最终与圆锥的表面平行。

12. 将斜口车刀平放在刀架上，以剥皮车削的方式，精准把握去除木料的进度。

15. 保持斜口车刀的锐角尖端朝下切入木料，标记出圆锥的切断位置。

13. 用钢直尺检验圆锥体的表面平整度，用斜口车刀去除凸起的部分。

16. 再用切断车刀左右交替进刀，逐步减小木料直径。

14. 将钢直尺横放在木料表面，利用磁铁的吸力确定磁铁位置，确保在车削圆锥时不会削去过多木料导致磁铁外露；同时为确定合适的底座切断位置提供参考。

17. 在切断部位的木料直径剩余 10 mm 左右时停止车削，避免带有磁铁的木料因离心力过大而在打磨过程中断裂。

18. 用 240 目的砂纸起始打磨木料，逐渐增大所用砂纸的目数。

21. 将车床的转速降至约 800 r/min，用左手虚握锥体，右手握住切断车刀继续车削，直至将木料切断。

19. 当用 7000 目的砂纸将圆锥表面打磨到形成光泽时，停止打磨。

22. 也可以关闭车床，用手锯直接将圆锥锯切下来。

20. 用切断车刀继续将切断部位直径削减至 3~5 mm。

23. 从 120 目砂纸起始，顺纹理方向打磨圆锥底面，梯度增大砂纸目数至 7000 目（砂纸梯度依次为 120 目、240 目、320 目、400 目、600 目、1000 目、3000 目、5000 目和 7000 目）。

和氏璧隔热垫

木料种类: 胡桃木
木料尺寸: 200 mm×200 mm×25 mm
车削类型: 面盘车削
学习重点: 卡盘同轴转换

3. 推进尾顶锥顶住木料中心的钻孔, 将木料暂时固定在夹板上。

1. 画出木料的对角线交叉的中心点, 然后在台钻上用直径 0.5 mm 的钻头对准中心点垂直钻孔, 直至穿透木料。这个孔可以在翻转木料时, 为尾顶尖提供固定的基点, 以确保木料围绕同一个轴心旋转。

4. 将车床转速调至 500 r/min, 启动车床, 根据木料旋转时可见的最大内切圆残影, 用铅笔画出锅垫的外部圆周轮廓。

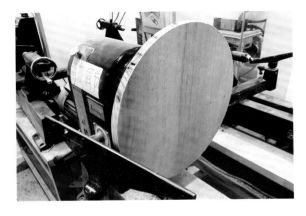

2. 用带锯切割出一个不超过车床容许直径的夹板, 并用花盘将其固定, 车削成圆形辅件。

5. 关闭车床, 用配备 3 mm 直径钻头的手持式电钻在圆周外的对角线上距离木料四角 10 mm 处分别钻取固定孔。

6. 将木工螺丝拧入 4 个固定孔中,从而把木料固定在夹板上。

9. 在外圆与内圆之间大约二分之一的位置画线,作为两侧斜面的分界参考线。

7. 移开尾顶锥并重新启动车床,围绕木料中心点画出半径 20 mm 的内圆轮廓线(内圆直径可根据你的设计进行调整)。用切断车刀沿内圆轮廓线车削,使车削深度超过木料厚度的一半。

10. 使用圆鼻刮刀刮削分界参考线内侧的木料,形成小弧度的外凸曲面。完成操作后从 240 目的砂纸起始打磨部件,逐渐增加砂纸目数至 7000 目。

8. 用圆鼻刮刀继续车削去除内圆中央的剩余木料,到刚才切断车刀的车削深度处。

11. 卸下木工螺丝取下木料,将木料翻转,用尾顶锥的尖端对准木料的中心孔,将木料固定在夹板上。

12. 这次我们可以尝试直接固定木料。用手持式电钻沿现有的固定孔将钻孔加深至夹板内。

15. 接下来用 1 号掏空车刀车削内圆部分。这种车刀的前缘刃面较小，适合无木料支撑的车削，且不易造成木料正反两面交界处木料碎裂。

13. 将木工螺丝拧入 4 个深孔中，从而把木料固定在夹板上。

16. 逐次车削到交界处，确保两面的弧度相当，你可以关闭车床进行观察，或者在停机状态下通过手指的触感来判断正反两面的弧度。

14. 移开尾座，架上刀架。启动车床，同样用铅笔画出内圆、外圆的轮廓线和分界参考线。

17. 在车削出大致形状后，可以用平端刮刀将外凸的弧形表面修整平滑。平端刮刀的修整效果非常好。

18. 用砂纸梯度打磨,逐渐将砂纸目数增加至7000目。

21. 将长鼻卡爪装到卡盘上,以内撑的方式固定木料。尽量不要在这种固定方式下使用防滑布,以免因防滑布缠绕不均导致偏心运动。

19. 将四角用于固定木料的木工螺丝卸下,取下木料,卸下花盘夹板。

22. 缓慢撑开长鼻卡爪,使压力均匀作用在木料上。

20. 用带锯沿外圆轮廓线去除多余的木料。

23. 启动车床,用车碗刀为木料边缘打坯并整平。

24. 在木料的二分之一厚度处画出参考线。

27. 取下并翻转木料,再次用长鼻卡爪将其固定。

25. 为避免车削过程中木料发生位移,可以使用接触面积较小的 1 号掏空车刀车削一面木料分界线的外圆部分至厚度中线,形成外凸的弧形表面。

28. 使用 1 号掏空车刀以同样的方式对另一面木料的外圆部分进行车削。

26. 对刚刚完成车削的外圆部分进行梯次打磨,直至砂纸目数达到 7000 目,使外圆与内圆部分浑然一体。

29. 用砂纸梯次打磨木料,直至砂纸目数达到 7000 目,使外圆与内圆部分浑然一体。

方形吊灯

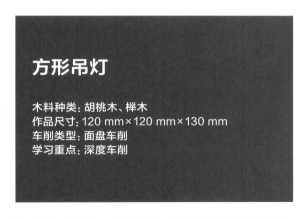

木料种类：胡桃木、榉木
作品尺寸：120 mm×120 mm×130 mm
车削类型：面盘车削
学习重点：深度车削

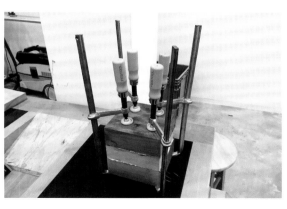

你可以在宜家购买吊灯灯座，并依据灯座的尺寸设计吊灯的结构。

2. 如果你也像我一样选用几块边角料来制作灯罩，只需保证 3 块木料尺寸相近，在用带锯对其进行粗切后黏合固定，就不用担心木料过小带来的锯切安全问题。

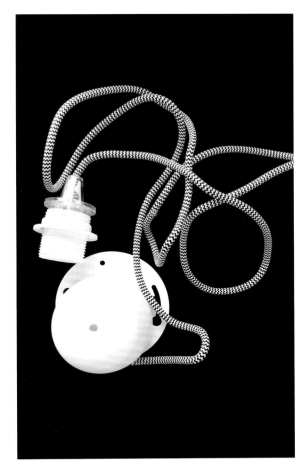

3. 可以将 3 块木料按照不同的端面朝向堆叠，这样既能增强木料整体对抗形变的能力，也可以增加图案设计的趣味性。

1. 本书示例中的灯座尺寸为：直径 39 mm，长度 35 mm，上盖直径 45 mm，下盖直径 60 mm。所以在设计吊灯时，必须确保木料的开口满足这些参数，才能把灯座固定在木质灯罩上。

4. 为圆盘砂光机安装靠山，并确保其与砂盘表面垂直。

5. 检查砂盘与砂台是否垂直。只有当它们互相垂直时，才能打磨出互相垂直的木料侧面。

8. 以第一参考面和第二参考面为基准，就可以轻松打磨出剩下的两个侧面了。

6. 选择整体较为平整的木料侧面率先打磨，得到第一参考面。

9. 用直角尺检查打磨好的四个侧面是否相互垂直。

7. 将第一参考面顶紧靠山，打磨出第二参考面。

10. 将木料放倒，用第一参考面顶住靠山，打磨出木料的顶面和底面。

11. 用直角尺检查侧面与顶面、底面是否相互垂直。

14. 使用配备了直径 1⅝ in（41.3 mm）钻头的台钻在木料顶面钻孔（孔径略大于灯座直径的 39 mm，但小于灯座上盖开口的 45 mm）；钻孔深度设计为 40 mm，大于灯座长度的 35 mm。

12. 圆盘砂光机安装的砂纸目数比较低，一般为 80~120 目，所以会留下明显的打磨痕迹，需要在最终打磨时消除。

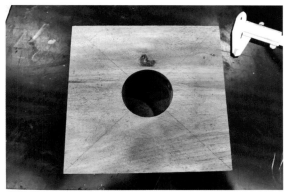

15. 继续使用台钻为木料的底面钻孔，孔径须小于所用尾顶尖的最大直径。孔深约为 70 mm，即钻头的最大钻深。

13. 在木料的顶面和底面分别以画对角线的形式标记出中心点。

16. 通过长鼻卡爪稍稍撑开将顶面木料固定在主轴箱侧，辅以尾顶锥在木料的底面一侧施压，确保顶面和底面的开孔与车床主轴重合。最后完全撑开内撑卡爪将木料牢牢固定。

17. 移开尾座，开启车床，在底面上距离边缘 5 mm 的位置画出圆形参考线。

20. 当车削到接近顶面的钻孔深度位置时，改用 1 号掏空车刀进行车削。

18. 用平端刮刀以阶梯推进的方式掏挖木料。

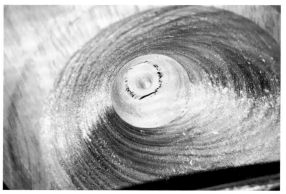

21. 如果在车削时听到木料发出轻微的脆裂声，表明已经非常接近顶面的开孔深度位置了。

19. 再使用圆鼻刮刀对壁面进行整平，得到弧度自然的曲面。

22. 继续车削，到达顶面与底面开孔的交界处时，木料会自然脱落。关闭车床后，将脱落的木料取出。

23. 用平端刮刀扩大车削面靠近顶部开口处的直径，使其略大于直径 60 mm 的灯座下盖。

26. 检查并确认内侧木料的端面痕迹皆已去除。

24. 试装灯座下盖，确认灯座直径和长度与灯罩的能够准确匹配。

27. 用 240 目的砂纸起始打磨灯罩内壁，逐渐增加砂纸目数至 7000 目。

25. 使用圆鼻刮刀修整整个曲面，最终将刮刀侧立约 60° 整平曲面。

28. 将灯罩从车床上卸下，在电木铣台上用半径 95 mm 的铣头修圆所有边角。打磨灯罩外壁，最后上油。

套环装饰吊灯

木料种类: 胡桃木
作品尺寸: 400 mm×400 mm×300 mm
车削类型: 轴车削、面盘车削
学习重点: 木料的套环车削、木料分割后堆叠黏合

2. 通过尾顶锥为木料定心, 并使用卡爪将木料固定在卡盘上。

3. 在钻头夹头上安装直径 ⅜ in (9.5 mm) 的钻头, 钻取电线孔。木料的两端均要钻孔, 并使钻孔贯穿整根木料。

套环部件的制作步骤

1. 将长 140 mm 的方木料以轴车削的方式削圆, 并用斜口车刀在木料两端削出夹持头。

4. 用打坯刀再次削圆木料, 去除因换装卡盘造成的偏心部分木料。

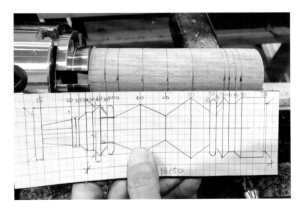

5. 启动车床至低速挡位,用铅笔将设计图上的尺寸标记到木料上。

8. 将斜口车刀锐角尖端朝下放在刀架上,开始车削套环。

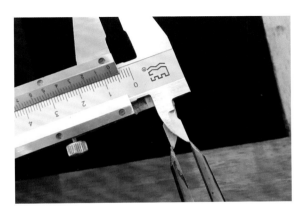

6. 用游标卡尺将划线规调到套环的设计宽度 6 mm。

9. 套环两侧的斜面随着套环的车削进度逐渐成形。

7. 启动车床,用划线规在木料上标记出套环的宽度线,并确保两个套环的宽度一致。

10. 在切断套环与木料主体之间的木纤维之前,先用砂纸打磨套环。

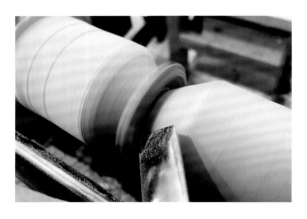

11. 用斜口车刀切断套环与主体木料之间的木纤维。

14. 同样用斜口车刀切断第二个套环与木料主体之间的木纤维。

12. 你可以用左手抓住套环,在木料主体仍处于旋转状态时用右手持砂纸打磨套环两侧的算珠样斜面。

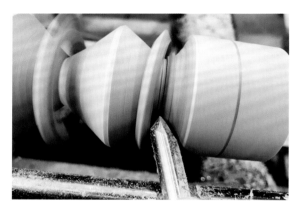

15. 用轴车削车刀刮削套环右侧的凹面。刀背会自然地将套环挡在外侧,使其不会影响刮削。

13. 继续车削第二个套环。可以用美纹胶带固定第一个套环,也可以放任它随木料主体转动。

16. 可以用轴车削车刀或斜口车刀修整套环左侧。

17. 同样用左手抓住第二个套环，右手持砂纸打磨套环的两侧。

20. 用斜口车刀将套环左侧的木料车削成算珠样。

18. 用切断车刀和斜口车刀车削套环右侧。

21. 梯次打磨木料，逐渐将砂纸目数增至 7000 目。

上部延伸部件的制作步骤

19. 用轴车削车刀在木料端面车削出容纳吊灯吊线的凹陷空间。

1. 由于标准钻头的钻深限制，套环部件木料的最大长度只有 140 mm，所以须黏合另一段木料来制作上部延伸部件。在延伸部件的木料端面钻孔后，将其与套环部件试套在一起，并一并制作容纳电线的空间。

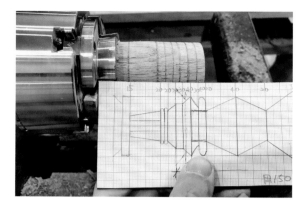

2. 启动车床，将尺寸线画到木料上。

3. 将完成上部延伸部件的塑形后，用砂纸梯次打磨部件至 7000 目。

4. 将上部延伸部件和套环用 2 号木工胶黏合在一起。

5. 你可以根据自己的喜好，在黏合两个部件时保持颜色深浅一致或颜色深浅交错。

灯罩部件的制作步骤

1. 灯罩的设计直径为 400 mm，把两块 1 in（25.4 mm）厚的木料以拼板的方式拼接在一起支撑坯料，简单经济。

2. 将黏合在一起的木料用压刨机整平。

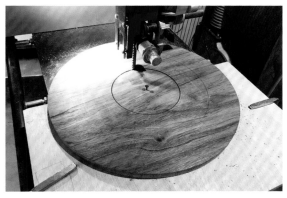

5. 用带锯切下第一层木料的中央部分作为第三层木料（参考直径 130 mm）。

3. 用带锯去除拼板的四个角，再用螺丝或钉子将木料固定在夹板上，保持圆心与带锯的距离恒定，将木料切割为圆形。

6. 用带锯沿第一层木料的内圆切线方向快速切割，尽量不要停留，以免在重新黏合木料时因木料损失过多形成明显的缝隙。

4. 用同种方法制作第二层圆形木料（参考直径 280 mm）。

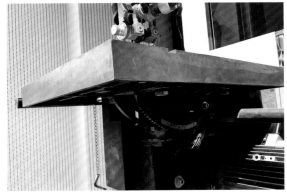

7. 带锯台面一般可以调整角度，你也可以依据设计需要调整带锯台面的角度以获得所需的第三层木料。

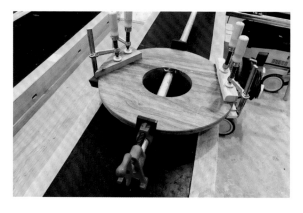

8. 将第一层木料重新黏合拼接。虽然方形轮廓有利于拼接后用夹子夹紧，但尺寸过大的方形木料不便于在带锯上取心。

9. 灯罩上方木料的制作方法参考第 71~73 页，参考直径为 100 mm。将各层木料按照设计顺序堆叠并黏合，逐次按压至胶水溢出、各层木料到位。

10. 用重物压住整个组件，等待木工胶完全凝固。

11. 用大型车床进行车削，将卡爪换成塑胶点式平爪。

12. 将平爪插入第一层木料的内圆，以内撑方式固定木料，首先加工灯罩上方的木料。

13. 以直径 1 5/8 in（41.3 mm）的钻头钻取 35 mm 深的孔。深度可根据你购置的灯座尺寸调整。

14. 用车碗刀和平端刮刀完成外部的塑形车削与灯座部件安装位置的刮削。

15. 取下木料，更换长鼻卡爪。

16. 通过内撑方式固定木料，并用尾顶锥辅助固定，增加木料的稳定性。

17. 随着车削的进行，采用阶梯推进的方式控制弧度的车削。

18. 先完成灯罩下部的外围塑形，建立基准面，然后对灯罩表面进行塑形。中央木料不宜先行去除，以保持木料的稳定性。

19. 关闭车床，用钢直尺检查灯罩组件的尺寸，保证与设计一致。

20. 车削灯罩外围。由于灯罩直径较大，应将车床转速降低至 800 r/min 左右较为安全。可以使用掏空车刀进行车削，因为其与木料的接触面较小，可防止卡爪处的木纤维断裂。

23. 车削过程中要时常用卡规检查灯罩的厚度。

21. 对灯罩顶部部件进行车削时，车床的转速可提高至 1000 r/min 左右。用卡规检查灯罩外围厚度是否达到设计要求。

24. 用平端刮刀刮削，将灯座孔直径扩展到 60 mm。

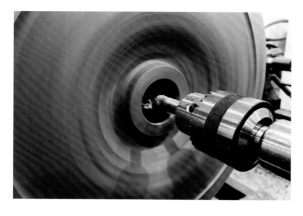

22. 完成外部塑形后就可以去除中央部位木料了。以直径 1⅝ in（41.3 mm）的钻头钻通木料，得到灯座孔。

25. 试着将灯座盖板放入灯座孔中，确认灯座孔的大小是否合适。

26. 最后，将圆鼻刮刀稍稍侧立，修饰灯罩的表面。

29. 将电线穿过套环部件。

27. 用砂纸梯次打磨灯罩，至砂纸目数达到 7000 目。

30. 用 2 号木工胶将套环部件和灯罩黏结起来。

28. 我使用的灯座是从宜家购买的，将灯座吊头拆开进行穿线。

31. 固定灯座，作品就完成了。

竹筒形花瓶

木料种类: 榉木
木料尺寸: 500 mm×50 mm×50 mm
车削类型: 轴车削
学习重点: 开孔套合、木料转换尾顶锥定心

2. 按照设计,木料由上至下编号为 1、2、3。相互之间的接头标记为 A 与 B。

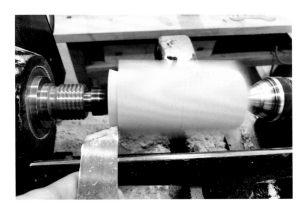

3. 按照顺序首先加工 1 号部件。不需要进行打坯,直接用斜口车刀车削,将车刀平放在刀架上,保持刀身垂直于主轴,在主轴水平高度处进刀,制作夹持头。

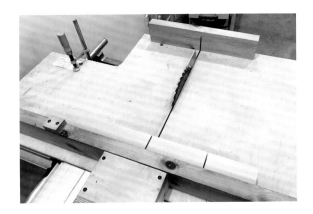

1. 用台锯将木料横切为三段,用于竹筒上部的两段木料的总长不要超过 140 mm,因为常规钻头的有效钻孔深度为 70 mm,需要在木料的两端钻孔才能钻穿木料。140 mm 的设计尺寸是包含接头长度的,因此竹筒上部两节竹节的设计外观长度不能大于 120 mm。

4. 切割出夹持头后,将斜口车刀向主轴箱侧稍微偏转车削,将使夹持头更接近圆柱形,方便卡爪夹持。这样做还可以防止斜口车刀的锐角尖端切入木料过深,造成右侧的端面倾斜,从而有效保持木料的直径尺寸。

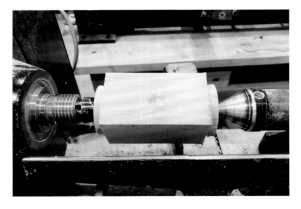

5. 现在 1 号部件两端均成圆台状，便于后续卡盘夹持。

8. 将 1 号部件取下掉头，以同样的方式固定并钻孔。每次都要切换卡盘，重复这一步骤非常重要，可以减小部件因为卡爪夹持受力凹陷造成偏心。

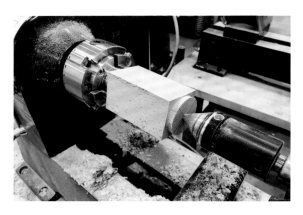

6. 将 1 号部件没有标记接头的一端先用卡爪轻轻夹住，加入尾顶锥固定木料，使其轴心与车床主轴重合，然后锁紧卡爪。

9. 用直径 1½ in (38.1 mm) 的钻头在 A 接头侧钻孔，钻孔深度要超过木料厚度的一半。

7. 将尾顶锥换成钻头夹头，使用 1⅜ in (34.9 mm) 的钻头钻孔。

10. 移开尾座，检查开孔与周围的木料是否有出现明显的偏心。

11. 启动车床，用切断刀车削出 A 接头的外缘直径，即 1½ in（38.1 mm），作为 A 接头的榫头。

14. 用尾顶锥顶住 2 号部件为其定心，锁紧卡爪将 B 接头固定在卡盘上。

12. 然后将 2 号部件以轴车削的方式固定在车床上。

15. 用直径 1½ in（38.1 mm）的钻头为木料钻孔，以此作为 A 接头的榫眼。

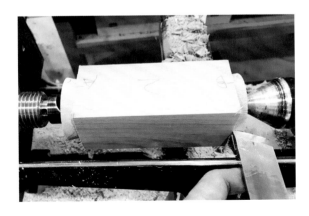

13. 同样用斜口车刀在 2 号部件两端车削出夹持头。使用方形截面的斜口车刀进行剥皮车削，将斜口车刀平放在刀架上以保持稳定。

16. 取下木料并掉头，同样通过尾顶尖定心将 2 号部件再次固定。

17. 用直径 ½ in（12.7 mm）的钻头钻取 70 mm 深的孔，以此作为试管安装孔的上半部分。

20. 这次只需要在 3 号部件的左侧车削出夹持头。

18. 用直径 1½ in（38.1 mm）的钻头钻取深 12 mm 的孔作为 B 接头的榫眼。

21. 用尾顶锥为木料定心，将 3 号部件固定在卡盘上。

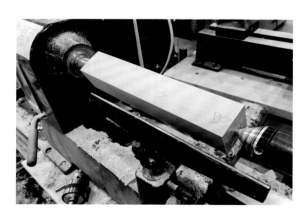

19. 将 3 号部件以轴车削的方式固定于车床。

22. 用切断刀车削出直径 1½ in（38.1 mm）、长 10 mm 的 B 接头的榫头。

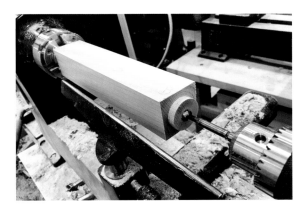

23. 再用直径 ½ in（12.7 mm）的钻头钻取深 50 mm 的下半部试管安装孔。B 接头的榫头长度应予以扣除，避免试管外露。

26. 将斜口车刀的锐角尖端朝下放置在刀架上，在 A、B 接合处做出 V 形切口，利用竹节造型隐藏 A、B 处的接合痕迹。

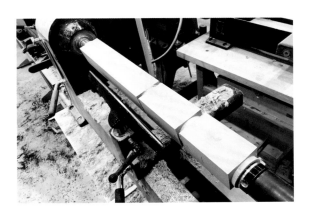

24. 将 3 个部件按顺序和配对方向黏合起来，使纹理一致。加入尾座固定作品，等待木工胶凝固。3 个部件黏合后再一起打坯方便纹理对齐，还能整体考虑作品的造型和木料的余量。

27. 在 V 形槽的左侧车削出竹节的斜面。

25. 移动 3 次刀架，将木料整体削圆。

28. 用轴车削车刀车削出竹节外凸处的凹面，待整个竹节部件车削完成后再进行接合。

29. 在左侧靠端部的位置车削出一个假竹节。该位置并不是接合处，只是为了使整体比例更为协调，上半部分的竹节看起来不会突兀。

32. 在车床上用斜口车刀进行剥皮车削以减小木料直径。左手拿着模具随车刀缓慢来回移动。

30. 用一块长约 200 mm 的废木料在台钻上钻取直径 1 ⅝ in（41.3 mm）的孔，用作长距离直线车削时控制直径的模具。

33. 模具木料的厚度最好略大于斜口车刀的宽度。当木料达到所需直径时，模具会与木料紧密贴合在一起，此时车削就完成了。

31. 用带锯将开孔位置对半切开。

34. 用斜口车刀对部件表面进行整平和修饰。

35. 用轴车削车刀进行刮削，将竹节与直段部分木料的接合处整理顺滑。你可以让每个 V 形槽的车削有所不同，这样得到的外观更为自然。

38. 将斜口车刀的锐角尖端朝下放在刀架上，借助摩擦产生的热将木料烙黑，形成烙痕。

36. 用斜口车刀车削出底座部分的切断线，并切入一定深度。

39. 用切断车刀削减切断处的木料，然后关闭车床，用手锯将木料折断。

37. 对作品进行梯次打磨，直至砂纸目数达到7000目。下半部的竹节部件为实心，这样立起后作品的重心较为稳固。

40. 用砂带机直接打磨作品表面，为竹节花瓶开孔。

41. 逐渐钻深，自己决定日后插枝需要的开孔孔径。

44. 如果你喜欢两节式的竹节花瓶，可以把第三节竹节设计成单节，放置蜡烛或插枝两用的样式。

42. 将长 100 mm、直径 10 mm、瓶口部分直径 ½ in（12.7 mm）的试管插入开孔中，并在试管的上部外壁涂上膏状快干胶。

45. 对于单节样式，试管仍插入木料下部。

43. 用手指将试管推入试管安装孔中即可。

46. 开孔位置应更接近上方，这样较为安全，整体高度比较低也不易倾倒。当然还是建议使用电子蜡烛。

手环与戒指

木料种类：黑檀木、榉木、红花梨木、枫木
木料尺寸：70 mm×70 mm×（3~10）mm
车削类型：面盘车削
学习重点：木料取心、夹具制作和扩孔

手环的制作步骤

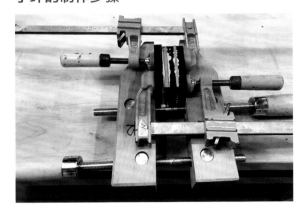

1. 可以收集一些边角料薄板，将它们以端面交错的方式堆叠起来，用木工胶黏合在一起，然后使用 G 形夹或平行夹将堆叠的木料夹紧，这两种夹子可以获得比台钳更为均匀的压力分布。本示例中使用的木料从左至右分别是：黑檀木、榉木、红花梨木、枫木和黑檀木。这些薄板的长宽均为 70 mm，堆叠后的整体厚度约40 mm。之所以采用端面交错的方式堆叠并黏合木板，是因为这样可以充分利用不同木板长纹理方向提供的结构强度，增加手环和戒指的强度。

2. 木工胶凝固后，在堆叠部件的长纹理面画出最大内切圆，并用带锯切掉多余的木料。

3. 直接以外夹持的方式将木料固定在卡爪上。这件作品的制作属于面盘车削，可用车碗刀车削木料外缘，将一半厚度的木料车圆。

4. 关闭车床，取下木料并将其掉头，用卡爪重新夹持固定。

7. 将切断车刀切入木料，直至切入深度超过木料厚度的一半。车削时注意左右交替进刀。

5. 用车碗刀继续把另外一半厚度的木料车圆。

8. 取下木料并将其掉头，用卡爪夹住，同样用木工铅笔画出戒指的外圈轮廓。

6. 用木工铅笔在木料的长纹理面画出戒指的外圈轮廓，准备进行木料的取心。

9. 用切断车刀左右交替进刀，车削取心，当车削到接近木料厚度的一半时，放缓进刀速度。

10. 当你听到清脆的声响时，心料会自然脱落。由于受到刀架阻挡，心料并不会掉出。

12. 用平端车刀或圆鼻刮刀刮削修整剩余的手环木料内壁，获得设计需要的佩戴尺寸，两端都要进行修整。

11. 关闭车床，移开刀架，将心料取出。40 mm 厚度的心料可以用来制作两个不同宽度的戒指。

13. 然后将手环用卡爪内撑固定。此时施力适中即可，以免木料的长纹理面被横向撑裂。

16. 使用刮刀对手环的内壁进行修整，然后进行打磨。内外壁和开口边缘较为直立的手环造型较为时尚；外壁略带弧度的手环造型则较为古典。

14. 用车碗刀修整手环木料的表面，将其厚度处理到3 mm 左右。此厚度即为手环的成品厚度。必要时可用圆鼻刮刀修整手环。

17. 将防滑塑料布缠绕在卡爪上，以内撑的方式固定木料，然后梯次打磨手环的外表面，直至砂纸目数增至7000 目。

15. 在手环外均匀地包覆一层防滑塑料布，然后用卡爪外夹固定，此时的夹持力适中即可。

18. 经过 7000 目的砂纸打磨的硬木表面具有非常高的光泽度。

戒指的制作步骤

3. 在模具端面画出十字线，作为带锯切割的参考线。

1. 接下来制作戒指。首先要完成模具的制作。把榉木固定在车床上进行轴车削作业：在木料左侧车削出夹持头，便于后续卡盘的夹持；用斜口车刀将木料右侧车出锥度，至其前端直径小于戒指内径。

2. 将戒指模具用卡爪固定，使用钻头夹头代替尾顶锥，在模具端面钻孔，并确保钻孔后的模具壁厚至少达到3 mm。模具的大小与钻孔的孔径是以戒指的设计尺寸为参考依据的。

4. 在带锯上切割戒指模具时，用楔形夹具提供支撑，可有效防止戒指模具滚动和弹飞，确保安全切割。将木料在楔形夹具上压紧进料，用带锯切割出模具的十字线；如果不习惯使用带锯，也可使用手锯进行切割。

5. 用平行夹夹紧用来制作戒指的心料，使其与钻台垂直，按照戒指的内环尺寸钻孔。在这个示例中，我使用直径 ¾ in（19.1 mm）的钻头钻取戒指内环，因为这个尺寸适合我的无名指。

7. 两枚戒指上浅色木料的宽度与种类不尽相同，看起来别有风味。

8. 将戒指夹具固定在车床上，把宽度较大的戒指套在夹具上。也可以把夹具前端的尺寸做的略大一些，再根据戒指的内环直径逐步车削调整。在车床尾座安装尾顶锥，用来撑持夹具。

6. 将木料横向放置，并用平行夹夹紧，用带锯将木料切割成宽度不同的两枚戒指。

9. 用车碗刀对戒指表面进行面盘车削。

10. 用车碗刀对戒指表面进行刮削修整。

12. 将宽度较窄的戒指用平行夹夹紧,用带锯锯切出自己想要的宽度。

11. 用砂纸对戒指进行梯次打磨,逐渐将砂纸目数增至 7000 目,获得可观的表面光泽。

13. 同样将其套在戒指夹具上进行车削。这样一组木料可以制作得到一个手环和两枚戒指。

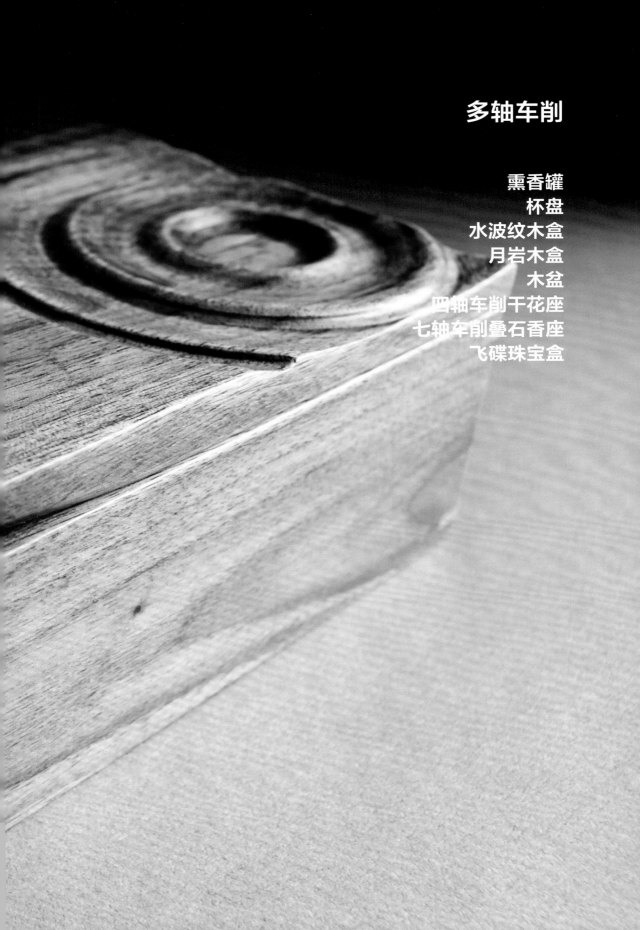

多轴车削

熏香罐
杯盘
水波纹木盒
月岩木盒
木盆
四轴车削干花座
七轴车削叠石香座
飞碟珠宝盒

熏香罐

木料种类: 胡桃木
木料尺寸: 50 mm×50 mm×100 mm
车削类型: 轴车削
学习重点: 平行双轴车削

3. 用车床的前顶尖与尾顶尖固定木料的第一车削轴。

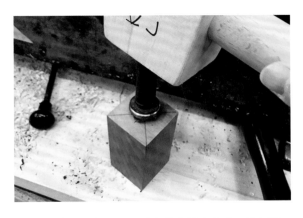

1. 在木料两个端面上画对角线找到中心点,确定第一车削轴。用木槌敲击划线锥或前顶尖使中点处凹陷,以便固定木料。

4. 用打坯刀将木料削方成圆,外壁会形成均匀的环状打坯痕迹。

2. 在木料端面的中线上距离轴心 10 mm 的位置,用划线锥画出新的交点,确定第二车削轴。

5. 用切断车刀首先画出熏香罐的外部高度线。

6. 直接用打坯刀车削出熏香罐的外部轮廓。

8. 关闭车床，使用前顶尖和尾顶尖固定木料的第二车削轴。

7. 用 240 目的砂纸打磨木料外壁。

9. 从车床的正上方俯视固定后的木料，能明显看出木料的偏置状况。

10. 启动车床，可以看到木料的虚影与实影存在偏差。实影代表旋转时两个轴心木料重合的部位，虚影则代表两个轴心之间的偏差。也就是说，开始车削时，削去的是发生偏置的部分，即虚影部分，实影部分暂时不会被车削到；如果一直车削下去，虚影部分的木料会逐渐减少，直至最后只留下实影部分的木料，此时的木料就成了一个完全以第二车削轴为中心的坯件。但这并不符合我们的设计需求。

12. 从车床正上方俯视旋转中的木料可以发现，在凹陷较为明显的位置，木料转动时形成的虚影最小，这是因为此处被车削去除的木料较多，剩余的部分逐渐以第二车削轴为轴心了。

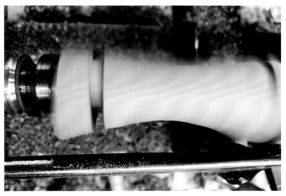

13. 用切断刀车削木料左侧，制作熏香罐口部分。

11. 用打坯刀直接在接近罐身顶部位置处车削出凹面。打坯刀的使用与轴车削车刀相同，需将刃口背侧贴靠木料进刀。

14. 关闭车床观察木料，可以发现罐口处的剩余木料的轴心已经非常靠近第二车削轴了。

15. 持续用切断刀左右交替进刀，拓宽罐口的颈部。

17. 切断刀能在小范围内车削出垂直表面，但无论如何小心控制进刀速度，也难免会在木料端面留下不均匀的痕迹。将熏香罐取下手工打磨颈部较为费劲，也不利于保持罐口造型，而且该部位无法使用圆盘砂光机打磨，所以最好还是在车床上进行打磨，这个我们会在最后进行说明。

16. 关闭车床，用游标卡尺测量罐口外径，使其稍大于⅝ in（15.9 mm），留出打磨的余量。

18. 在木料还未从车床上卸下时，先用 240 目砂纸打磨，这样能够有效维持第二车削轴的准度。打磨时保持轴心与车削时的轴心完全一致，以得到最佳打磨效果。

19. 将打磨好的熏香罐放在钻台上钻孔至设计深度。

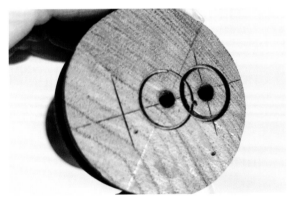

20. 由于熏香罐底部木料尚未去除，可以明显看到两处被尾顶尖固定时挤压的痕迹，这些痕迹可以帮助你更好的理解平行双轴车削。

21. 将木料掉头，用尾顶锥以第二车削轴为固定轴心固定罐口，对罐顶端面进行打磨。

22. 关闭车床，用砂纸直接打磨罐身的长纹理面，使两个轴心的交界处平滑过渡。注意用 400 目以上的砂纸起始打磨至 7000 目，以免交界处的棱角过于钝化。

23. 用剩余木料钻孔并制作熏香罐的罐盖。我的熏香罐设计灵感来源于翩翩起舞的绅士，所以我将罐盖车削成小礼帽的样式。

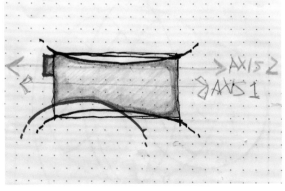

24. 上图是熏香罐的原始设计概念图，这张图生动地展示了平行双轴车削的特点：两轴间的距离造就了罐子表面的非对称曲线。

杯盘

木料种类: 胡桃木
木料尺寸: 150 mm×150 mm×20 mm
车削类型: 面盘车削
学习重点: 平行偏轴车削

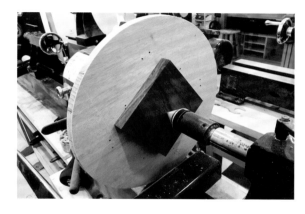

3. 用尾顶尖对准杯盘木料的圆心将其固定在夹板上。

1. 这件圆形杯盘设计的杯槽圆心距离圆盘中心20 mm，可以在方形木料上先画出杯盘的圆形轮廓，然后从圆心处平移20 mm画出底座，抑或通过方形木料对角线确定杯盘的圆心，将木料固定在车床上画出杯盘的圆周。我在示例中使用的是第二种方法。

4. 启动车床，将转速调到500 r/min，并根据旋转时的最大实影画出杯盘的圆周。

2. 用花盘将直径380 mm的夹板固定在车床上，夹板的直径由车床的最大容许直径决定。夹板越大，车削时平衡部件偏心的能力越强，且更不容易引起车床晃动。

5. 关闭车床，松开尾顶尖，将其沿对角线平移20 mm，再次固定木料。

6. 用手持式电钻在杯盘圆周轮廓线外、木料对角线的4个边角的适当位置钻取引导孔，准备用木工螺丝将木料固定在夹板上。

7. 用4个1½ in（38.1 mm）长的木工螺丝将木料固定在夹板上，固定到位后将尾座移开。

8. 启动车床，可看到木料围绕杯槽中心旋转的状态。

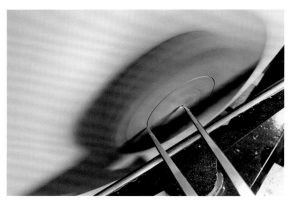

9. 将划线规宽度设置为32 mm，以杯槽中心为圆心画出车削轮廓线。

10. 用切断车刀在车削轮廓线内车削出深度为10 mm的凹槽。

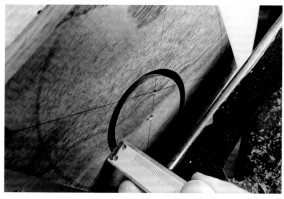

11. 用游标卡尺末端确认深度准确无误。该深度可作为杯槽去除木料的参考。

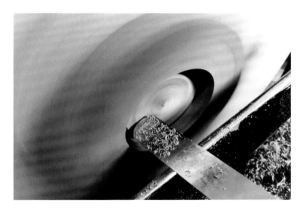

12. 先用圆鼻刮刀去除杯槽范围内的多余木料。

15. 使用 240 目的砂纸起始打磨, 逐渐增加砂纸目数至 7000 目。打磨完成后取下木工螺丝, 将木料从夹板上卸下。

13. 再用平端刮刀去除杯槽边缘的木料。

16. 将木料翻面, 用尾顶尖对准木料的中心, 将木料固定在夹板上, 并在对角线上距离边缘约 10 mm 处钻取引导孔。用 1½ in (38.1 mm) 长的木工螺丝将木料固定在夹板上。

14. 用砂纸打磨杯槽底面和靠近底面的壁面。

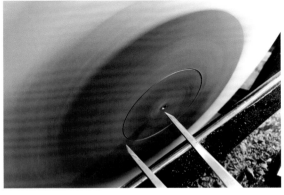

17. 不需要重新调整划线规的宽度, 仍用 32 mm 的半径在木料底部画圆, 这个半径正好适合内撑卡爪支撑木料。

18. 用圆鼻刮刀去除圆周内多余木料，再用斜口车刀将圆周边缘车削出一定锥度。车削深度约 5 mm。

21. 用带锯切掉杯盘圆周轮廓线外多余的木料。

19. 启动车床，根据木料的最大实影，用木工铅笔画出杯盘的圆周轮廓。

22. 用内撑卡爪将木料固定在车床上，我们暂且将中心轴称为第一主轴。可用掏空车刀修整木料侧面。

20. 以内撑圆半径为基准向外延伸约 15 mm，先用圆鼻刮刀去除杯盘外缘与延伸圆周之间的部分木料，为后续车削底座提供参考。打磨杯盘底面后卸下木料。

23. 木料现在是以中心轴为主轴旋转的，第二主轴与第一主轴平行，所以会有部分旋转区域是重合的。

24. 启动车床，你可以看见两个平行轴的中心部分重合，在围绕第二主轴的杯槽处形成一个可见的空心圆。

27. 用圆鼻刮刀车削出杯盘底部边缘的造型。木料正反向固定所造成的误差会体现在杯盘外缘与底座的交接处。

25. 在空心圆处用 1 号掏空车刀进刀，然后缓慢地向外围车削，逐渐车削形成中间深、外围高的杯槽内部。

28. 用 240 目的砂纸起始打磨，可以用砂光机配合手工打磨。

26. 将杯槽内部向下车削 5 mm，最终的木料整体厚度约为 15 mm。

29. 逐渐增加砂纸目数至 7000 目。

水波纹木盒

木料种类: 胡桃木
作品尺寸: 180 mm×130 mm×80mm
车削类型: 面盘车削
学习重点: 平行双轴车削、楔片加固榫木盒的制作

盒盖的制作步骤

1. 面盘车削两个厚 8 mm、直径 50 mm 的夹持头,用木工胶将其粘贴到盒盖木料上,并用 G 形夹夹紧。黏合前应在木料上选定黏合位置,并在夹持头上画出十字线作为黏合时的参考。夹持头的中心即为盒盖背面水波纹的车削中心。

2. 将组件静置 24 小时,待木工胶完全凝固,采用外夹卡爪固定第一个夹持头确定第一主轴。第一主轴应在距离木料边缘稍远的位置,因为我们首先要车削半径较大的圆,把图案位置确定下来。

3. 将刀架放置在木料旁不超过 20 mm 的位置,以防止木料脱落。这样的车削方式有一定的危险性,务必确保木料旋转范围前后无人或易碎物品,避免木料脱落飞出造成危险。

4. 启动车床,使转速低于 500 r/min,待木料转动平稳且无异常声响后,用木工铅笔画出三条波纹线。

5. 中心圆的直径为 35 mm,外圈是 2 个半径依次增加 20 mm 的同心圆。

8. 三个波纹的凸起部分基本做出后，可以开始加深各个波纹的凹槽了。

6. 用车碗刀进行水波纹的面盘车削，向内、向外逐次进刀，就能制作出波纹的凹槽部分。越靠近水波纹的凸起处，其相邻的凹槽就显得越深。

9. 用车碗刀的刃口下缘进行刮削整形。

7. 最外圈的水波纹凹槽不宜过宽，这样做出的波纹图案比较逼真。一般来说最外圈的波纹浅一些，周边有平面作为对照更加好看。

10. 使用平端刮刀或圆鼻刮刀完成中心圆的最终修整塑形。

11. 将砂纸折叠形成弧形面进行打磨，注意手指不要接触木料，以免受伤。

14. 第二组水波纹较小，不能与第一组水波纹相交，否则视觉上不好看。你要记住，这类作品的亮点就在于曲面与平面形成的对比，以及靠近边缘处不完整的切线圆带来的变化，无须考虑自然界中真实的波纹形状。

12. 用外夹卡爪夹住第二主轴对应的夹持头，准备车削第二组水波纹。

15. 使用手工工具切掉两个粘贴在盒盖上的夹持头，并用圆盘砂光机将盒盖背面打磨平整。

盒身的制作步骤

13. 这次尝试不启动车床，直接手动旋转木料画出第二组水波纹的车削参考线。

1. 用台锯锯切出木盒的侧板木料。

2. 将侧板排开，根据纹理进行排列。将侧板浅色的部分置于下缘，并为侧板编号。

3. 用角规画出 45° 斜切参考线。

4. 在台锯上设置侧板长向上的靠山，将锯片倾斜 45°，锯切侧板木料至所需长度。如果没有架设靠山，可以每次一点一点进行锯切，慢慢贴近参考线，这样能保持侧板长度两两一致。

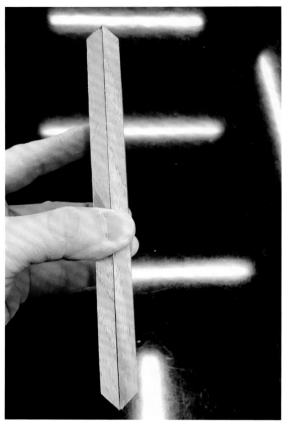

5. 可以将成对的侧板木料背靠背地贴在一起检查长度是否一致，长度一致的成对侧板能够较好地密合。

6. 用台锯在距离侧板底部 5 mm 处锯切出高 3 mm、深 5 mm 的凹槽，并在 5 mm 厚的底板木料上锯切出深 2 mm、宽 4 mm 的凹槽。在侧板的 45° 斜面上涂抹木工胶；在底板的两条短边中央涂上一些木工胶，因为日后横向的形变会远大于长纹理方向的形变，有必要为应对形变留出一些余量，确保木盒组装完成后底板木料发生形变时左右对称。

7. 组装侧板与底板，并用宽橡皮筋捆住盒身，挤压盒身让木工胶外溢。

10. 在距侧板上下边缘 10 mm 处锯切出 8 个插槽，用来胶合插片榫。插槽深度不应超过侧板 45° 斜切面长度。插槽宽度即为锯片厚度，通常为 3.5 mm 左右。

8. 用直角尺检查木盒的内角是否垂直。如果担心溢出的胶水日后难以处理，可事先在侧板内侧表面贴上美纹纸防止胶水污染木板。

11. 待插片榫上的木工胶凝固后，用可弯曲的薄片锯锯掉多余木料。注意，应由外侧向内侧锯切，以免楔片因为上下没有支撑而碎裂。

9. 将木盒底板朝上放置，在木工胶稍稍凝固时，推动底板，使其与盒身四面侧板的间距相同。静置 24 小时，等待胶水凝固。

12. 另一侧的锯切方式同上，由外侧向内侧锯切。

月岩木盒

木料种类: 胡桃木
作品尺寸: 160 mm×105 mm×70 mm
车削类型: 面盘车削
学习重点: 平行双轴车削

盒盖的制作步骤

1. 这次我们学习用一整块木料制作平行双轴木盒的技术。

2. 用带锯将木料切割为 6 mm、9 mm、9 mm、28 mm 的厚度,分别用来制作底板、短边侧板、长边侧板与盒盖。由于厚度小于 250 mm 的木料无法压刨,所以底板与侧板木料需要手工打磨。

3. 以面盘车削的方式制作两个厚约 8 mm、直径 50 mm 的夹持头,并画上圆心十字线,与盒盖上的两个轴心对应的十字线标记互为对照。在夹持头背面涂抹 2 号木工胶,用手指按压并前后推移夹持头,直至木工胶外溢、木料难以推动。

4. 用 G 形夹夹紧夹持头,静置 24 小时等待木工胶凝固。

5. 用划线规在盒盖上缘一侧画出 18 mm 的宽度参考线,作为环形山的车削参考线。

6. 先用夹持卡爪夹住一侧的夹持头确定第一车削轴,找出圆心,并用木工铅笔画出半径 20 mm 的圆周。

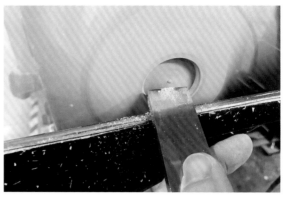

7. 用平端刮刀刮削出深度 7 mm、侧壁垂直于底面的内圆。这样的内圆与带有平缓坡度的外圆在设计上相得益彰。

8. 用车碗刀在环形山的外壁由内向外车削出约 50° 的斜面。对盒盖木料来说,此时的车削是不对称的,因此进刀一定要慢要缓,每次车削去除的木料要薄,才不会对黏合的夹持头造成过大冲击。

9. 由外向内进行端面车削,与之前由内向外的车削路径交汇形成低谷并塑形。

10. 逐步车削，随时停机观察环形山形成的坡度是否符合预期。

12. 用卡爪夹住另一个夹持头，转速低于 500 r/min，围绕第二车削轴用木工铅笔画出第二环形山的内圆线。第二环形山的内圆半径为 15 mm。

11. 将第一环形山车削至 18 mm 的深度控制线即可停止，须注意其外围坡度，在向外延伸时不要与第二环形山产生冲突。

13. 第二环形山的外圆车削范围不能与第一环形山的外圆斜坡冲突，否则会破坏后者的造型。

14. 以平端刮刀刮削深度 10 mm 的内圆垂直侧壁，与第一环形山的内圆深度形成视觉上的差别。第一环形山的内径较大、侧壁较浅，外壁范围较大、坡度较缓；第二环形山的内径较小、侧壁较深，外壁范围较小、坡度较陡。这样的设计更能彰显细节。

15. 第二环形山的内圆侧壁车削完成后，仔细观察将要车削的外圆部分，可以先关机仔细看好再开机下刀，以免出现偏差而功亏一篑。

18. 直接用圆盘砂光机磨掉夹持头，感受与先用手锯切掉夹持头再打磨的差异。

16. 同样用车碗刀向内、向外交互车削，形成外圆陡坡对应的低谷，注意不能破坏第一环形山的斜坡造型。

19. 将盒盖木料固定在木工桌的台钳上，对未被车削到的部分进行锯切。你可以选择要切去和保留的幅度，不同的选择获得的整体效果都是不一样的。

17. 车削至第一环形山斜坡外围的低谷处时停下，卸下盒盖木料。

20. 需要锯切的大部分木料位于端面，所以我用双面锯的端面锯齿进行锯切。注意从侧面观察锯切深度，不要使深度线越过两个环形山的低谷。

21. 翻转木料至盒盖正面朝上，向下锯切到刚才的端面锯缝处切去木料。

22. 以同样的方式去除另一侧的木料。

24. 用木工凿横向去除长纹理方向的木料，每次凿切深度 1 mm 左右。

23. 切去外围的大量木料后，未被车削的木料就只剩下两山之间的部分了。

25. 用 120 目的砂纸将各部位打磨平滑。盒身的制作方式与水波纹木盒相同。

木盆

木料种类: 枫木
木料尺寸: 150 mm×150 mm×50 mm
车削类型: 面盘车削
学习重点: 多偏轴面盘车削

3. 用圆鼻刮刀或平端刮刀在底座卡爪固定轮廓线内刮削出约 5 mm 深的内圆区域。

盆底的制作步骤

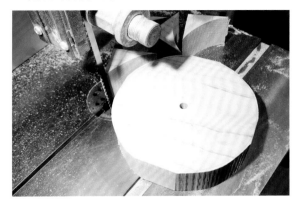

1. 在方木料上画对角线找出圆心,并画出最大内切圆。在台钻上钻出卡盘螺丝固定孔兼深度孔,用带锯切掉多余的边角木料以提高车削效率。

4. 用斜口车刀水平进刀,车削出固定用的斜面。

2. 将木料固定在卡盘上,用划线规画出半径 30 mm 底座卡爪固定轮廓线。

5. 用车碗刀进行端面车削,以交替推削和拉削的方式为木盆的外壁塑形。

6. 用车碗刀从盆底向外围进行车削，为盆底塑形。

7. 用深槽车碗刀对盆底表面进行最终修饰，去除盆底端面的凸起。只有使用深槽车碗刀可以这样操作且不会造成咬料，因为深槽车碗刀的刃口侧壁高耸，能提供类似刃口背侧贴靠在木料上的支撑，标准车碗刀或浅槽车碗刀则不能这样操作。

9. 进刀时，深槽车碗刀的刃口朝上，刃口侧靠木料，让木料主动迎上刃口，缓速进刀。

8. 用深槽车碗刀对木盆外壁进行端面修饰，其效果甚至比圆鼻刮刀更好。

10. 用深槽车碗刀完成修饰后，几乎分辨不出木料的端面与长纹理面，甚至不需要打磨。

木盆内部的塑形

1. 将木料翻面，以内撑卡爪固定，用车碗刀对木盆内部进行面盘车削，先车削出小圆凹槽。

4. 最后，按照设计深度用平端刮刀分 2~3 次刮削至木盆底部，以保持木盆内壁面垂直于盆底。

2. 用平端刮刀刮削去除木料，这种车削方式用来车削部件的直筒内壁效果非常好。

3. 每次的刮削宽度不要超过平端刮刀刃口宽度的 ½，我在图中故意留下了阶梯状的刮削痕迹，是为了加深读者的印象。木盆开口外围最终要刮削到与中心圆相同的深度，至参考深度孔的位置。

5. 将单侧圆鼻刮刀的刀身侧立约 75°，刮削盆底与侧壁的交接处，对端面进行修整。

6. 盆口边缘如果没有特殊造型，可以直接用圆鼻刮刀刮削成形。

7. 将圆鼻刮刀从盆口边缘内侧稍移动到盆口外侧壁面进行刮削，使盆口部分过渡自然。

木盆外壁的修整

1. 如果你的卡盘或车床的精度不高，壁面和盆口边缘的轴心偏差过大，可以用深槽车碗刀再对外壁进行一次修正，这样只会在木盆底部与内壁的交界处留下一些偏差痕迹。这也是有时候我们不会在第一阶段就将完成壁面的最终造型的原因。

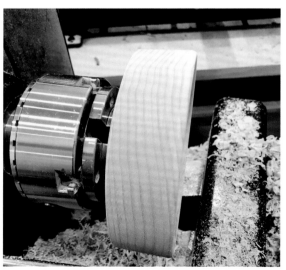

2. 修整完成的壁面与边缘拥有同一车削轴，端面也看不出瑕疵。

3. 将内撑卡爪松开,使木料前倾大约 5°,再将内撑卡爪固定。

5. 随时关闭车床,观察木料槽口的深度和宽度,查看实际车削效果。

4. 启动车床形成第一偏轴,用轴车削车刀进行车削;越靠近车刀的木料形成的车削面越宽。可以使用轴车削车刀进行端面车削的细节塑造,效果比车碗刀更好,但不宜使用轴车削车刀完成面盘车削的大量去料,这点要特别注意。由于是偏轴车削,右侧的木料一定比左侧高,所以在车削时只能从右侧的高处向左侧的低处车削,否则就会咬料。

6. 木料槽口左侧的弧面,是用轴车削车刀向左刮削获得的,切记不可由左向右进行车削,因为从低处往高处车削会造成咬料。

7. 调整内撑卡爪形成第二偏轴。可以向与第一偏轴相反的方向调整木料，这样在第一偏轴对应最窄的槽口宽度处，可以形成最宽的槽口。此外，如果两个偏轴的倾斜角度相同，那么越靠近主轴箱，形成的槽口整体宽度会越窄。

9. 停机检查槽口初步车削的宽度与深度。

8. 用轴车削车刀围绕第二偏轴车削槽口。

10. 继续车削，检查车削出的槽口与第一偏轴对应的槽口宽度比例是否美观。

11. 以同样的方式调整并设置第三偏轴，在对应第一偏轴和第二偏轴的槽口之间，车削出第三条槽口。

12. 第三条槽口会与前两条槽口产生交汇，从而形成类似陶器的手工质感。

13. 停机，手动旋转木料，观察线条整体环绕、交汇的感觉是否令人满意。

14. 木料的正上方是检查木料外壁断面的最佳位置，检验过后，你可以考虑是否需要加强第三条槽口的造型，或者设置第四偏轴继续车削。

15. 这件作品整体无须打磨，保留车刀与刮刀的原生痕迹即可。当然，你的车刀和刮刀必须足够锋利，这样成品才会美观。四个偏轴加上原本的正轴，总共就是五轴的车削了。

1. 用前顶尖和尾顶尖固定木料,并将其削方成圆,车削出一侧夹持头。用卡盘卡爪固定木料,将端面车削出小弧度的曲面。

3. 从车床的正上方俯视,可以发现,偏向刀架的木料部分会最先被车削到,而远离刀架的木料部分可能会得到保留。越接近原本正轴位置的木料,最有可能得到保留。这说明无论偏轴的偏离程度如何,在以传统卡盘固定的方式下,其运作方式仍是用偏轴与正轴的车削范围差保留下来的木料,除非使用平行偏轴的专用卡盘将轴心从原本的正轴处完全移开。

2. 将木料倾斜约 5° 固定,形成第一偏轴。

4. 启动车床,用轴车削车刀向左行进车削木料。

5. 在第一偏轴旋转时的虚影被车削掉后, 原本的圆形端面也被车削成了一个偏心圆。将轴车削车刀向左移动至虚影完全消失的位置, 形成一个低谷。

7. 当车削到设计所需深度时, 轴车削车刀的弧形刃口会使低谷处无法形成笔直的 V 形槽, 应换用斜口车刀进行车削。

8. 斜口车刀此时的运刀方式与正常轴车削没有差别, 因为低谷区域已完全是围绕第一偏轴的无虚影状态。由右向左朝低谷的底面车削, 削去低谷右肩的木料。

6. 低谷左右没有虚影, 表明低谷处的木料均是以第一偏轴为轴心旋转的, 低谷处的木料不是右高左低, 即使从左向右车削塑形, 也不会造成咬料。在低谷区域内进行车削, 就是纯粹以第一偏轴为轴心的轴车削, 你可以大胆地按照轴车削的要求对该区域进行车削。

9. 用斜口车刀由左向右朝低谷车削, 削去低谷左肩的木料。就这样左右交替进刀, 逐渐加深 V 形槽。

10. 关闭车床，观察 V 形槽，你会发现车削出的 V 形槽相当整齐。这件作品就是围绕偏轴塑造一个低谷造型，而不是单独的扁石整体造型。实际上右侧的扁石造型是由它的正轴与第一偏轴的位移差所形成的。所以准确地说，这件作品是通过三个低谷车削得到的。

12. 调整卡爪形成第二偏轴，让第二偏轴的方向与第一偏轴相反。这是因为选用的木料较短，两个偏轴之间的错位越大，第二扁石和第三扁石才能形成明显的偏移效果。

13. 启动车床，你会发现第一偏轴对应的低谷区与其左右峰已经形成虚影了，这是因为木料现在是围绕第二偏轴旋转的。

11. 从正面看，第一块扁石已经有明显偏移的视觉效果了。经由斜口车刀完成的车削，也可以不进行打磨。

14. 用轴车削车刀在与第一低谷大致等距的位置处画线，准备轴车削出第二低谷。

17. 轴车削车刀向左肩削出后，你会发现左肩上的车削痕迹，它与右峰上的车削痕迹有明显差别。但基本上第二低谷的左右肩已经不会看到虚影了，这说明该区域的木料已经完全以第二偏轴为轴心旋转了。第三块扁石的顶面与第二块扁石也存在明显的偏移。

15. 用轴车削车刀由右向左朝低谷区车削去除第二低谷右肩的木料，并以刮削方式向左车削，将低谷左肩的木料也按相同的方法去除。车削时，先用轴车削车刀使第二偏轴的区域趋于稳定，也就是将视觉上的虚影部分完全去除，让木料以第二偏轴为轴心旋转，这样后续操作不易造成咬料。

16. 第二低谷区已全部为实影区域。

18. 将斜口车刀的锐角尖端向下放在刀架上，车削第二低谷区的右肩。

19. 继续用斜口车刀车削第二低谷区的左肩，就这样左右交替进刀，直至第二低谷区的车削完成，第二块扁石就制作完成了。

20. 松开卡爪，将木料调至第三偏轴，重新夹紧卡爪。

22. 将轴车削车刀侧立90°，在相同的间距位置画线，作为第三低谷区的进刀参考线。

21. 启动车床，可以看到第一与第二偏轴形成的低谷区均为虚影状态。

23. 在低谷处用轴车削车刀由右向左车削，形成右肩。

24. 使用轴车削车刀以刮削的方式向左刮削出左肩。

26. 用斜口车刀车削塑形左峰弧面并加深 V 形槽。第三块扁石就完成了。

25. 在第三低谷区无虚影后，用斜口车刀车削右肩修整其弧度，并加深 V 形槽。

27. 重新将木料固定回原来的正轴轴心，准备制作第四块扁石。

28. 用轴车削车刀车削出第四低谷区的右峰。

29. 从照片可以看出，除非将夹持头夹得特别歪斜，否则越靠近主轴箱的位置，扁石轴线与正轴之间的错位越小。

32. 用切断车刀将底部车成直径 8 mm 小圆柱。关闭车床，用手锯锯切下干花座。

30. 第四低谷是以正轴为轴心，没有车削方向的问题，可以直接用斜口车刀车削第四低谷的左峰。

33. 接下来用车碗刀以面盘车削的方式制作底座。先车削出底座，然后掉头，以内撑卡爪固定部件并车削其表面，之后用砂纸打磨，逐渐增加砂纸目数至 7000 目。

31. 将车刀刃口转入低谷区，加深 V 形槽。

34. 完成后只要在底座的合适位置用台钻钻出直径 8 mm 孔，就可以用木工胶将其与扁石部件黏合在一起。这件作品包含三个偏轴和原本的正轴，制作了四块扁石形成堆叠造型。

七轴车削叠石香座

木料种类：樱桃木
木料尺寸：50 mm×50mm×200 mm
车削类型：轴车削
学习重点：多偏轴轴车削

3. 用 320 目以上的砂纸对车削后的部件进行打磨。

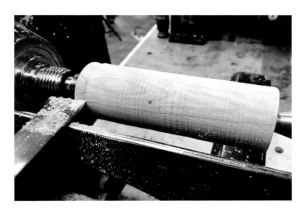

1. 将木料以轴车削的方式固定，削方成圆，并制作夹持头供卡盘卡爪夹持。

4. 调整卡爪让木料倾斜 3°，形成第一偏轴。由于木料较长，所以倾斜角度不宜过大，否则会造成旋转时远端的喇叭状虚影半径过大，弹开刀具，无法下刀车削。

2. 将木料固定在卡盘卡爪上，用斜口车刀车削出扁石上的水珠与弧形端面。

5. 从车床的正上方俯视旋转中的木料，可以看到较接近刀架的虚影部分，这部分会最先被车削到。

8. 调整卡爪形成第二偏轴，由于这件作品的堆叠层次较多，所以我选择较随性地调整偏轴的倾斜方向。

6. 你可能会有疑问，既然是轴车削，不能用斜口车刀直接车削吗？事实上，用斜口车刀由左向右进行车削，问题不大，但在制作第一低谷的左肩时就会出现问题，斜口车刀无法直接进行刮削。

车削时需站立到木料的左侧，由左至右进刀车削，控制进刀量，使刨花尽量薄，起始的车削虽然不会造成咬料，但是车刀容易被木料弹开，要车削到一定深度，刀口背侧具有足够的倚靠后，车削才能顺手。你可以看到左峰区域一圈圈的车削痕迹，这就是被木料弹开后再进刀时产生的痕迹。

7. 车削顺手后，就能正常进行车削塑形了。

9. 用轴车削车刀从右向左直接车削出第二低谷的右肩，并以刮削方式拉动车刀，做出左肩。

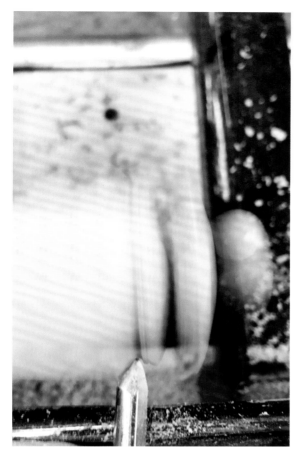

12. 斜口车刀的锐角尖端朝下进行车削，从右上向左下车削去除木料。

10. 有了干花座的制作经验，即使现在左肩的虚影仍很明显，你也可直接将轴车削车刀侧立90°，通过刃口背侧稍稍贴靠在左肩的木料上进刀，从左向右车削出第二低谷。

13. 再从左向右向低谷处进刀车削，使第二块扁石逐渐成形。

11. 停机检查，第二块扁石仍未完全形成流线的扁石造型，这样不美观，还需要继续进行车削。

14. 从正面观察，扁石错位堆叠的效果已初步显现。

15. 调整卡爪让木料形成第三偏轴，这次倾斜角度应较小，使木料更接近正轴进行车削。没有技术层面的原因，只是这样能让第三块扁石与上下两个偏轴形成的扁石反差效果更大，而且车削出的扁石不会太小。

16. 用轴车削车刀从右向左车削出第三低谷的右肩，并刮削出左肩。

17. 再以刃口背侧贴靠木料从左向右进刀，加深第三低谷，并增大左肩的斜率与范围。

18. 通过加大右肩、加深车削来增大左肩范围和斜率。

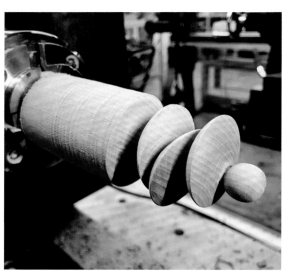

19. 第三偏轴的第三低谷车削完成。这个低谷的左右肩较为接近正轴车削时的状态。

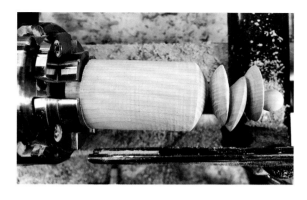

20. 调整卡爪形成第四偏轴，从车床上方俯视，发现因第三偏轴接近于正轴，所以它的左右肩留下的木料较多，这样车削第四低谷时，势必可以在视觉上形成明显偏离第三扁石的第四扁石。

21. 用轴车削车刀从右向左车削出第四低谷的右肩，并向左刮削带出部分左肩。

22. 将轴车削车刀侧立90°进刀，刃口背侧贴靠在刚才车削出的左肩部分，车削出第四低谷。

23. 当第四低谷完成时，就在左侧形成了第五扁石的上半部分。

24. 调整卡爪形成第五偏轴，以同样的方式车削出第五扁石。

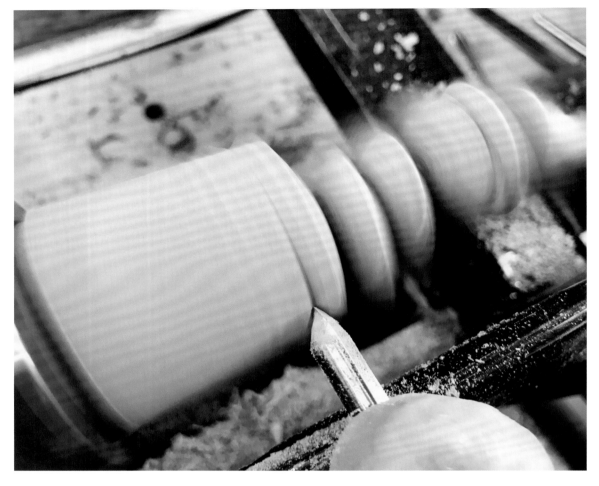

25. 调整卡爪形成第六偏轴，以同样的方式车削出第六扁石以及第七扁石的上半部分。

26. 将木料调整回正轴，并用卡爪固定。

27. 用轴车削车刀垂直侧立 90° 进刀，开出第七扁石的轮廓线。

28. 车削出第七扁石的底部。

30. 用车碗刀以面盘车削的方式车削熏香底座，并辅以轴车削车刀精修细节。

29. 用切断车刀车削出直径 8 mm 的圆木榫部分。

31. 掉转木料，以内撑卡爪固定，完成车削并用砂纸打磨，逐渐增加砂纸目数至 7000 目。用台钻在熏香底座的适当位置钻出榫孔，在圆木榫外涂抹木工胶，将叠石部件黏合到底座的榫孔固定。六个偏轴和原本的正轴，这件作品一共包含了七轴的车削。

飞碟珠宝盒

木料种类：胡桃木、枫木、樱桃木
作品尺寸：240 mm×240 mm×300mm
车削类型：轴车削、面盘车削
学习重点：偏轴车削和正轴车削的组合运用

3. 用斜口车刀加深分界处凹槽。

天线的制作

1. 将樱桃木木料以轴车削方式削方成圆，并制作出夹持头供后续卡爪夹持用。

4. 继续用斜口车刀车削出天线的顶尖造型。

2. 用轴车削车刀车削出星球天线的顶端外形与左侧的凹面。

5. 换装卡盘卡爪固定木料，并使木料适度倾斜。

8. 用切断车刀持续车削，直至虚影部分消失。

6. 从车床的正上方俯视，靠近刀架的部分会先被车削到。手动转动卡盘，确认木料不会碰撞到刀架。

9. 使用游标卡尺沿长纹理方向标出 15 mm 的距离，用来塑造一个直径 15 mm 的球形小鸟头。

7. 启动车床，可以看到切断车刀切出的分割线位置。虚影是第一偏轴与正轴之间存在的错位形成的，实影部分则是两条轴线共有的木料部分旋转形成的。

10. 用木工铅笔标出球形的范围。

11. 车削去除球形底部的部分木料，方便球形小鸟头的后续车削，同时留出了车削鸟脖子的空间。

14. 右侧凸面应车削到与上一阶段围绕正轴车削得到的凹面交汇于一条线，这样的造型较为美观。

12. 用切断车刀车削 15 mm 画线范围内的木料，至木料直径剩余 15 mm。

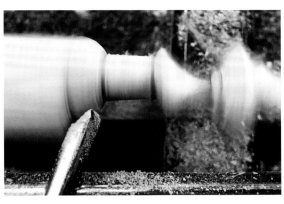

15. 用轴车削车刀车削小鸟头左侧木料，做出凹面。

13. 用轴车削车刀在小鸟头的右侧车削出一个凸面。

16. 必要时辅以轴车削车刀进行刮削修整，逐步车削出小鸟头圆球左侧造型。

17. 用轴车削刀车车削出小鸟头右侧的轮廓。

20. 调整卡爪形成第二偏轴，为使下一个圆形鸟头与第一个鸟头反向，第二偏轴的偏置方向与第一偏轴完全相反，两条偏轴沿正轴对称分布。从车床上方俯视，你可以看到，即将被车削的、远离刀架部分的木料会被留下，该部位处在与第一个鸟头方向相反的位置。

18. 保持斜口车刀的锐角尖端朝下，完成小鸟头的最终修饰和凹槽的加深。

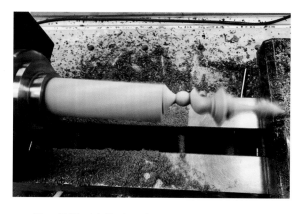

19. 第一偏轴对应的造型完成后，木料旋转已无虚影。已完成部分包括球形小鸟头、右侧凸面与正轴对应的凹面所形成的飞翔造型以及左侧凹面的小鸟脖子。

21. 用木工铅笔画出第二小鸟头的边界线，及其与右侧将要车削的凸面所形成的低谷参考线。

22. 在偏轴车削状态下，车床转速在 1000 r/min 左右。

25. 同样用轴车削车刀从右向左车削出鸟头右侧的低谷和凸面。

23. 先用切断车刀去除虚影部分的木料，该虚影是第二偏轴与正轴错位形成的。

26. 参照与第一偏轴相同的车削方式，车削出 15 mm 直径的圆形鸟头、其右侧的凸面与第一偏轴对应的左侧凹面形成的飞翔造型及其左侧的鸟脖子与凹面。

24. 这是去除虚影部分之后的效果，看起来两轴的错位效果明显。不过无须担心，我们接下来要车削凸面，需要去除的木料不会太多。

29. 再次启动车床，可以看到最右侧的天线顶端造型旋转起来几乎都为实影。

27. 从正上方俯视开机状态下的车床，可以看到第二偏轴对应的车削工作已经完成，塑形区域已经完全没有虚影。

30. 用轴车削车刀从右向左进行车削，去除第二偏轴对应的部分凹面。

28. 关闭车床，调整卡爪将木料重新固定到正轴。

31. 可以感觉到偏心程度减弱了。

32. 用斜口车刀塑造天线底座的造型。

33. 已经完成车削的部分转动时像汽车轴承在运行。

34. 关闭车床，用320目以上的砂纸手动打磨，这样可以避免辛苦车削出的棱角或交汇线被磨圆。

35. 用切断车刀在天线底座左侧车削出直径8 mm的圆木榫，用手锯切断木料。

球体制作

1. 用车碗刀车削球体的上下部分，它们两个都是碗形的部件，可以用车碗刀以端面车削的方式制作。将樱桃木木料用卡盘螺丝固定在车床上，车削出球体的粗略外形和外夹持头。

2. 翻转木料，用卡爪夹住外夹持头以固定木料，使用平端刮刀刮削出球体内部空间与阶梯状檐口，檐口可用于后续车削时用内撑卡爪固定部件。外壁厚度需控制在 15 mm，留出钻取圆木榫孔的余量。

5. 在尾座上安装钻头夹头，在上下球体的顶部分别钻出直径 8 mm、深 12 mm 的圆木榫榫孔。

3. 再次翻转木料，用内撑卡爪将其固定，用车碗刀和刮刀去除外夹持头，并完成球体外壁的修整。

6. 打磨上半个球体的表面，逐渐增加砂纸目数至7000 目。

飞碟环制作

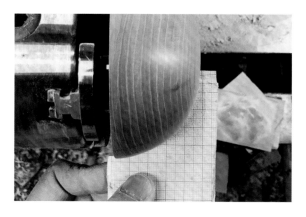

4. 用事先制作好的 ¼ 圆弧卡纸模板来控制球体外壁的弧度。打磨下半个球体，逐渐增加砂纸目数至7000 目。

1. 锯出长度 230 mm，厚度 20 mm，宽度分别为 40 mm、15 mm、20 mm 的胡桃木木板和宽度分别为 20 mm、135 mm 的枫木木板，用来制作飞碟环所需的拼板。

4. 静置 24 小时,待木工胶完全凝固,用画对角线的方式确定圆心,并用圆规画出最大内切圆,在拼板中央画出稍大于夹持头直径的小圆作为黏合区域的参考线。

2. 在木板侧面刷上木工胶,用管夹夹住进行拼接,并用板夹上下夹持防止木板错位。旋紧管夹至木工胶向外溢出。

5. 在夹持头底部涂抹木工胶,用双手拇指将其挤压并前后推移,直至木工胶外溢,夹持头定位在小圆参考线内。在夹持头上压上重物,等待木工胶完全凝固。

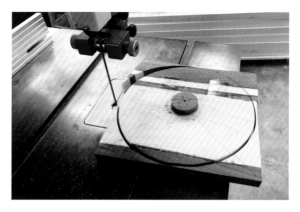

3. 以面盘车削的方式制作一个半径 30 mm 的独立夹持头。

6. 用带锯切除飞碟环外围的多余木料。

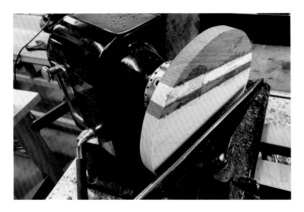

7. 用卡爪夹住夹持头，将飞碟环坯料固定在车床上。

10. 翻转木料，将内撑卡爪撑入卡槽固定木料，然后用平端刮刀去除黏合夹持头。

8. 用平端刮刀刮削出与上半个球体的外圆周直径相同、深约 3 mm 的卡槽，并用上半个球体试着套合检验匹配度。

11. 以同样的方式刮削出下半个球体的卡槽和与内撑卡爪匹配的卡槽。

9. 因为球体的外直径为 105 mm，大于标准内撑卡爪 80 mm 的最大工作直径，所以要在卡槽的内圆半径内收 15 mm 的位置，再车削一个与内撑卡爪匹配的夹持槽。如果你有大尺寸的夹持卡爪进行替换，可以省去这一步。

12. 将下半个球体嵌入卡槽中检查匹配程度。

15. 刮削完成后打磨飞碟环的下表面，直至砂纸目数增加到 7000 目。

13. 在飞碟环木料的侧面画上中线，只需画出一段，木料旋转时自然可以看到一圈黑线。

16. 翻转木料，用内撑卡爪将其固定。

14. 用平端刮刀刮削飞碟环下半部分的表面，使曲面边缘逐渐与侧面中线交汇。

17. 用平端刮刀以同样方式刮削出飞碟环上半部分。

18. 飞碟环上下表面的弧度要大一些，要平缓过渡，否则造型不美观。

19. 打磨上表面，砂纸目数同样增加至 7000 目。

起落架制作

1. 飞碟起落架的造型与天线顶端相同，所用材料为樱桃木。先以天线顶端部件为模板画线，用切断车刀车削出凹面的上下边界。

2. 交替使用轴车削车刀与斜口车刀车削起落架。

3. 用斜口车刀直接车削出底部的环状造型。

4. 以同样的方式车削出另外两个起落架。

5. 现在，所有部件都已车削完成，它们是：天线、上下半球、飞碟环和三个起落架。

6. 车削下半个球体的底部构件。

7. 该部件同样需要制作直径 8 mm、长 10 mm 的圆木榫，用于插入并黏合到下半个球体的中央孔中。制作完成用手锯将圆木榫基部锯断。

8. 测量下半个球体安装起落架位置的外直径，并计算其圆周。

9. 用圆规将上述圆周三等分并做上标记。

10. 在手持式电钻的 8 mm 钻头上略大于 10 mm 的位置粘上胶带，用来指示钻孔深度，并在电钻上套上套环以控制钻孔的垂直度。

11. 将下半个球体用内撑卡爪固定在卡盘上。保持关机状态，用手持式电钻钻出圆木榫孔，并用套环控制钻孔的垂直度。

12. 注意控制钻孔深度，至少要留出 5 mm 的壁厚，对侧的木纤维才不会碎裂。

13. 由于钻孔时套环会在木料表面留下压痕，所以必须启动车床，重新将球体外表面打磨光滑。

14. 检查所有部件并进行干接测试。

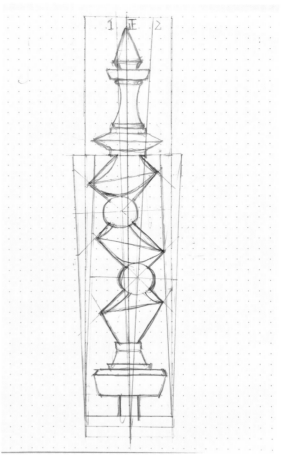

15. 测试无误后，在各圆木榫表面与榫孔内壁涂抹木工胶，将圆木榫插入榫孔中完成组装，静置一段时间，等待胶水完全凝固。

这张手绘设计稿可以说明天线小鸟造型的偏轴车削原理。

最长的矩形为围绕正轴旋转时木料的位置，其头尾处的造型都是围绕正轴车削完成的。中间的两只小鸟造型是有变化的部分。蓝色线表示该区域的正轴车削部分，橘色线表示围绕第一偏轴的车削部分，紫红色线表示围绕第二偏轴的车削部分。穿过橘色和紫红色球体中心的垂直交叉线向外延伸画出了木料在围绕不同偏轴车削时的位置，木料旋转时两只小鸟头的位置会持续交替互换。当围绕第一偏轴车削时，会把上半部分用蓝色线标示的正轴车削区域去除一些；当围绕第二偏轴车削时，会把用橘色线标示的第一偏轴车削区域去除一些；当进行下半部分蓝色线的正轴区域车削时，会把用紫红色线标示的第二偏轴车削区域去除一些。三种颜色的线段只是一种示意，凹凸曲面造型用铅笔线画在了彩色线的区域内，这样更为清晰直观。实际的车削情况是由用刀情况决定的。实际制作时的木料角度与图纸略有差异，所以鸟脖子的长短看起来稍有不同。

实木家具

温莎凳
温莎高脚凳
摇椅凳
战马

温莎凳

木料种类：胡桃木
木料尺寸：1000 mm×360 mm×50 mm
作品尺寸：440 mm×440 mm×440 mm、椅面
直径 300 mm
车削类型：轴车削、面盘车削
学习重点：斜口车刀长距离车削、温莎椅预应力

座面制作

1. 在 350 mm 见方、35 mm 厚的椅面木料上画对角线确定圆心，用圆规画出最大内切圆，并画出半径 32 mm 的黏合独立夹持头的参考线。以面盘车削的方式制作一个半径 30 mm 的独立夹持头，在其背面涂抹木工胶将其粘到参考线内，用双手拇指下压并前后推移夹持头，至木工胶外溢、夹持头黏合牢固。压上重物静置24 小时，等待木工胶完全凝固。

2. 用外夹卡爪夹住黏合在凳面木料上的夹持头，并辅以尾顶尖固定木料。注意加上一块木料垫块作为隔层，防止尾顶尖刺穿座面木料。

3. 用车碗刀和平端刮刀面车削出座面木料下方左侧的造型，在距外边缘 50 mm 处，以向外侧向提拉的方式收口至木板厚度的中线位置。

4. 以面盘车削的方式塑造座面木料右侧的造型，同样在距外边缘 50 mm 处向外侧向提拉收口。这种设计的目的在于，获得较为简洁的现代收口造型，同时避免了使用过于单薄的座面木料带来的问题。打磨座面后，利用尾顶尖点出座面圆心，并用铅笔围绕圆心画出圆圈记号，免得卸下木料后找不到圆心。

5. 将木料卸下，用可弯曲的开榫锯将黏合的独立夹持头去除，并用手持式圆形砂光机打磨锯切部位。

6. 在座面上画出半径 70 mm 的圆，将圆周三等分并画出交点。制作一块单侧具有 20° 倾角的夹具，将其固定在台钻的台面上支撑座面，用钻头对准交点，通过目测方式调整座面，使钻头垂直于夹具的平整底面钻出榫孔。

7. 对一般的温莎凳来说，直径 ⅝ in（15.9 mm）的榫孔足够了，如果需要特殊的视觉效果，可将榫孔适当加大。

椅腿制作

1. 椅腿的制作属于基本的轴车削，此处要重点学习的是，如何将设计打版成型，并将尺寸落实到车削部件上。使用头顶尖和尾顶尖将木料固定在车床上。

2. 用打坯刀从左向右车削，将木料削成圆。

3. 首先完成左侧木料的打坯。由于木料长度超过了刀架长度，需将刀架右移，分两次完成木料的打坯。

4. 将木料整体削方成圆后，用打坯刀快速将木料表面处理均匀，木料表面此时呈现出一圈圈的环形痕迹。

5. 事先用方格纸绘出1∶1的椅腿造型，标示出曲面的高峰与低谷作为车削控制点。将方格图样剖成两半，用喷胶将一半图样粘在硬卡纸上制成模板。低速启动车床，将模板倚靠在刀架上，用木工铅笔将控制线标示在木料表面。用切断车刀沿控制线切削，得到需要的凹槽宽度和木料直径。

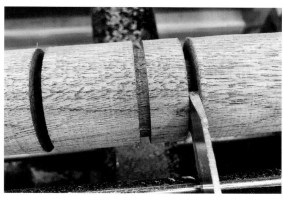

6. 凹槽较深的位置，要以左右交替进刀的方式进行车削。

7. 用台钻在3 mm厚的木板上钻出常用尺寸的圆孔，并将两侧的半圆切掉，制成快速直径测量标尺。在该标尺的一面标注英制尺寸，另一面标注公制尺寸。

8. 可以利用该标尺搭配切断车刀，在车床上快速车削，提高操作效率。

9. 用打坯刀以轴车削的方式直接车削中间部位的竹节造型，首先去除大量木料，然后再进行精修。

10. 用斜口车刀从竹节区域两端的高处向中间低谷进行车削，制作凹面造型。凹面的车削要从木料的侧面进刀，并随着车削的推进，将刃口慢慢翻转至木料上端，这样才不会造成咬料。

11. 用轴车削车刀和斜口车刀搭配车削出右侧的榫头。将斜口车刀的锐角尖端朝下车削 V 形槽，制作竹节部位，延长车刀在槽口的停留时间可形成灼痕。

12. 此时的榫头直径略大于 1 in（25.4 mm），在木料最右侧的位置车削出一个斜口，用于榫头被敲入榫孔中时扩孔之用。向左移动 30 mm，用斜口车刀车削出 V 形斜口，作为木料被敲入榫孔受到挤压后的缓冲空间。这样在榫头插入座面后，凸出于座面的榫头长度约为 10 mm。

13. 接下来为椅腿木料下半部分左侧塑形。先以轴车削车刀的方式使用打坯刀，使刃口背侧贴靠木料进行车削，控制好直径尺寸，初步去除大量木料。最终用斜口车刀进行细节车削。

14. 用砂纸梯次打磨整个车削区域，从 240 目的砂纸起始，逐渐增加至 600 目。

15. 在卸下木料之前，可以将斜口车刀的锐角尖端朝下加深竹节部位的凹槽。

16. 重复上述步骤，制作出三支完全相同的椅腿。

横档制作

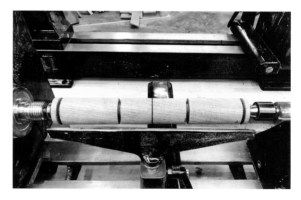

1. 接下来制作两个横档部件。参照卡纸模板，用切断车刀车削出设计中线、竹节锥体凹面的低谷和两端榫头直径的控制线。将斜口车刀的锐角尖端朝下车削中线，得到带有灼痕的 V 形槽。

2. 先用打坯刀车削去除左侧的大量木料。

3. 再用打坯刀车削去除右侧的大量木料。

6. 打磨横档,砂纸目数梯次增加至 600 目。

4. 将斜口车刀的钝角尖端朝下,向右车削修整竹节凹面,并顺势车削出右接圆木榫。其实横档两侧是不是有类似椅腿上的榫头并不重要,因为横档需要承受的是压力而不是张力,这样的设计可有效防止横档在反复应力作用下脱落。

5. 将斜口车刀的钝角尖端朝下,向左车削修整竹节的凹面,并顺势延伸到左侧端点做出榫头。两端的榫头直径均为 ⅝ in(15.9 mm)。

7. 借助安装槌将三支椅腿试安装在座面上,以准确测量横档的正确尺寸,并在椅腿的竹节处钻出安装横档的榫孔。

8. 用角度规测量座面与各凳腿之间的夹角。

9. 前面两条凳腿的安装夹角为 110° 时最为美观，因为该处的横档正对前方，横档是否水平规整显而易见，如果通过调整某条凳腿的横档榫孔位置来保持横档水平，必然会使另一侧的榫孔偏离竹节的中线位置，同样会影响美观。如果第三条凳腿与其余两腿的夹角存在偏差，可以通过调整榫孔角度或凳腿插入座面的深度，使第二横档保持水平。

10. 角度规调到 110°，将定角打孔器按照角度规的角度调整好，并安装好直径 ⅝ in（15.9 mm）的钻头。

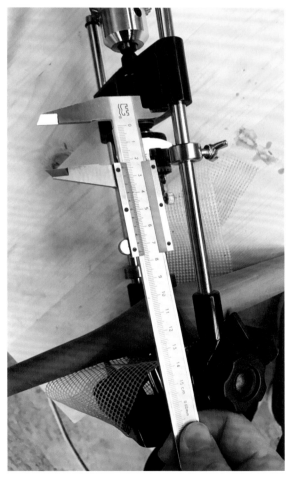

11. 将定角打孔器的钻深调整为 1 in（25.4 mm），这个尺寸正好是竹节最大直径 50 mm 的 ½。

12. 固定好电钻，在竹节处钻出榫孔。

15. 用游标卡尺确认两条凳腿上的榫孔深度。

13. 以同样的方式为另一条凳前腿钻出榫孔。

14. 将两条凳腿插入座面，测量它俩之间的实际距离。

16. 横档的长度应为两条凳腿榫孔开口间的净距离加上两个榫孔的深度和左右各 3mm 的长度。

17. 外加的两个3 mm是整个温莎凳制作的精髓所在。很多人对横档结构的受力模式理解有误,认为它是通过榫头的接合和木工胶的黏合力来对抗人体反复坐立时造成的应力,把接合部位看作一个承受拉力的结构。道理显而易见,凳腿上的榫孔壁位于端面,是无法提供足够的黏合力的。这也是有些椅子和凳子制作失败的原因。只需将横档加长,就可以将横档转变为承受压力的状况。当椅面承受重力将应力传向椅腿,使椅腿向外扩张时,原本存在于横档上的应力会获得些许释放;当座面上的重力消失时,两条凳腿又会立即向中间回复,使横档恢复承受压力的状态。这种受力模式类似于结构力学中的预应力。从迈克·邓巴先生所著的《制作一把温莎椅》中可以学到这种技巧。

19. 参照角度尺的角度,将第三条凳腿安装到座面上。

18. 用台钻在前横档的中央竹节处垂直钻取一个直径 ⅝ in(15.9 mm)的榫孔,深度同样是 25 mm,用来安装第二横档。

20. 参照角度尺的角度设置定角打孔器,在第三条凳腿的竹节中央钻出直径 ⅝ in(15.9 mm)、深 25 mm 的榫孔。

21. 测量前横档榫孔与后腿榫孔间的实际距离。

22. 同样用游标卡尺测出两个榫孔的实际深度。

23. 后横档的长度等于前横档与后腿榫孔开口的净距离加上左右两个榫孔的深度和前后各 3 mm。将后横档重新安装到车床上，根据后横档的长度，用铅笔画出切断线，切削到一定直径后用手锯锯断木料。

试组装与木楔制作

1. 将温莎凳座面朝下、凳腿朝天放置，用木槌敲打三条凳腿进行试组装。榫头敲入座面榫孔后，榫头会挤压榫孔侧壁，你也可以明显感受到两根横档受到的压力。横档在将三条凳腿撑开后，凳腿榫头很难继续进入凳面，此时要停止敲打，以免无法退出凳腿。试组装是所有需要匹配的部件正式组合前的必备工序，木料韧性允许你将试组装的部件拆下，但如果没有进行试组装，上胶之后才发现部件有问题，通常就来不及了。

2. 在凳腿与座面底部的交汇处用铅笔画出榫头边缘的标记，作为修整榫头的底缘参考线，榫头的范围不能越过这条线。将凳腿退出后，可以看到这条参考线。

3. 为了防止圆棒状的凳腿滚动,可将其放置在楔形夹具上,在调整好与靠山的距离后,用带锯对准榫头截面的中心锯切出插槽。由于带锯锯片会带动榫头向下运动,因此榫头凸出于楔形夹具的部分不能过长,以免力臂加长、力矩变大而产生危险。双手务必压紧凳腿使其保持平衡,防止整个凳腿被下压弹起。手指不能距离锯片过近,锯切达到所需深度后立即退出锯片,或是一手下压木料维持平衡、另一手关闭带锯后再退出锯片。如果不是很有把握操作,请务必使用手锯代替带锯。传统温莎椅的椅腿榫头插槽,是在组装后用榫头凿入端面形成劈裂制作的,我们使用的锯切方式可控性更好。

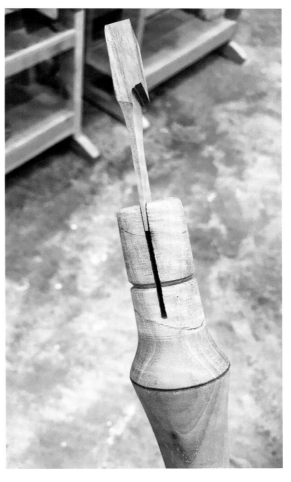

5. 木楔厚度由下向上是逐渐增加的,这样木楔插入插槽后才能产生扩孔的效果,可以防止凳腿松动脱落。

4. 将砂光机的打磨头固定在卡盘卡爪上,对木楔进行打磨。在木楔侧面画上中线,打磨到 2 mm 厚(切割插槽的带锯锯片的厚度)。

6. 木楔在其宽度方向上必须是上宽下窄的梯形,敲入插槽后会吃入插槽左右的座面木料中。可以在木楔上端留下可供木槌敲击的头部。

组装与表面处理

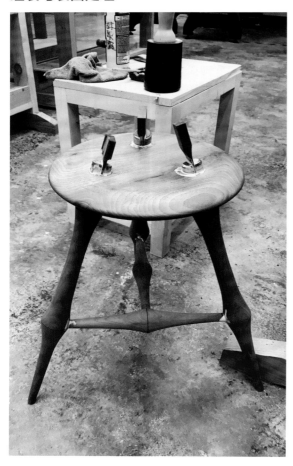

1. 在各个榫头与榫孔处涂抹木工胶,将凳子倒置于木工桌边缘,完成三条凳腿的敲击组装工作。再将凳面翻正,在木楔表面涂抹木工胶敲入插槽中。

2. 务必注意,凳腿榫头的扩张方向一定是与凳面木料的长纹理方向一致的,否则会造成凳面木料碎裂。

3. 静置 24 小时,待木工胶完全凝固,锯切掉榫头和木楔的多余部分。

4. 由于凳面是内凹的曲面,不能贴近弧形底面锯切榫头,之后千叶轮打磨掉残余的部分即可。

5. 用手持式圆盘砂光机打磨凳面,砂纸目数梯次增加至 600 目。

6. 锯切各凳腿底面,使其呈110°与桌面紧密贴合。

7. 如果凳腿需要找平,只需将较短的两条凳腿置于桌面上,较长的那一条凳腿悬空于桌面边缘,目测凳面水平后,在较长凳腿的底部做上标记,将多余部分切除即可。

8. 顺纹理方向手工打磨各个部件,砂纸目数梯次增加至7000目。

9. 用湿布擦拭所有表面,找出留有木工胶污渍的位置重点打磨。在有木工胶污渍的位置,木料孔隙被木工胶封闭,会导致后续无法吃油。

10. 用木蜡油擦拭所有表面,要保证上油量,确保有足够的木蜡油进入到木料的孔隙。在擦拭完毕15分钟后、木蜡油呈胶状之前,擦去多余的木蜡油。后续的1小时内,阶段性地观察有无木蜡油从孔隙中渗出,应及时用干棉布将其擦去。之后连续3天,每天擦拭1遍木蜡油,但擦油的总次数不要超过3次,否则会丧失实木的手感。最后一次上油后静置3天,凳子的养护工作就完成了。

温莎高脚凳

木料种类: 胡桃木
木料尺寸: 1200 mm×300 mm×50 mm
作品尺寸: 510 mm×420 mm×660 mm
车削类型: 轴车削
学习重点: 不规则椅面制作、高脚凳组装

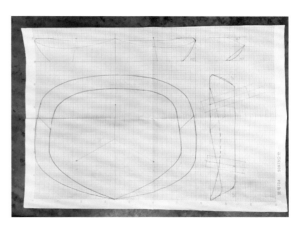

3. 该设计中的座面呈椭圆形,图纸上包含一个平面图与两个侧视图。平面图包含了三条凳腿对应的座面钻孔位置与三个孔所在圆的圆心,外围则是座面的不规则造型。两个细节部位的侧视图则展示了凳面的下凹深度、外侧倾斜的角度以及进出距离,是后续打磨范围与角度设置的重要参考依据。将座面图样剪下后分成内部的心形与外围的圆形,用喷胶粘在卡纸上再切割下来,作为画线模板。至于内部心形模板的中心与三条凳腿的钻孔中心,可以将模板放在木料上面,用圆规尖端穿透模板上的圆点标记在木料的对应位置,为后续钻孔提供参考。

1. 将三条凳腿和两根横档按照图纸裁切车削。高脚凳的凳腿较长,有 700 mm。如果你想在凳腿的底部引入一些颜色变化,可以提前将黑檀木方料与胡桃木方料通过圆木榫接合起来。黑檀木木料长 120 mm,其中 20 mm 是为车削与切断留出的余量。参照图纸模板,用切断车刀将椅腿上的高低控制线部位车削到所需直径。

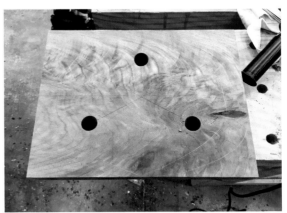

4. 在座面木料上画出座面的外围造型和内部心形,并标记出中心点和三条凳腿的钻榫中心及其与中心点的连线,该连线可为钻孔提供参照。制作带有倾角的夹具支撑座面木料,用台钻参照画线钻孔,钻取两个倾斜 100° 的榫孔和一个倾斜 110° 的榫孔。

2. 同样先用打坯刀车削去除大量木料,再用斜口车刀修整细节造型。

7. 使用角磨机打磨出座面心形内凹区域, 凹面中心深 20 mm。注意在前端中点处保留有一块凸起的鼻部。

5. 用敲击的方式将三条凳腿试装在座面上, 检查凳腿是否有角度偏差过大或者效果不尽如人意的情况。如果存在问题, 则应车削出与榫孔直径相同的胡桃木圆榫黏合填充在榫孔处, 然后重新开孔。重新开孔的位置与第一次的榫孔相比必定会有所偏移, 但这没有关系, 毕竟我们是自用, 一些不完美也能给作品留下一段故事、一些印记。测量两条凳腿间横档安装位置的净距离, 加上两边竹节处的半径长度和两个 3 mm, 参照该尺寸锯切出横档。

8. 用带锯锯切出座面的外轮廓, 并用圆盘砂光机进行打磨, 将带锯产生的锯切痕迹去除。虽然不需要使用电木铣台, 但是将侧立面修整到与参考线平齐的程度, 有利于打磨前的画线工作。

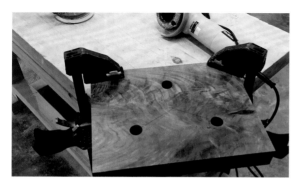

6. 将座面正面朝上固定在木工桌上, 准备机械打磨。

9. 保持座面底面朝上, 使用划线规倚靠木料边缘在要打磨斜面的区域画线。

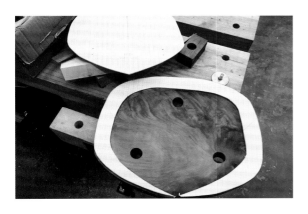

10. 翻转木料使凳面正面朝上。根据之前裁切好的内外画线模板重新绘制内部心形的轮廓。到了这个时候，你就可以明白之前为什么要分开制作内外模板了。

11. 在木料边缘用划线规画出斜面的倾斜参考线，将凳面正面朝上固定在木工桌上，用角磨机逐步打磨出需要的斜面。

12. 座面前后斜面的倾斜角度不同，会形成交汇边界，这也是温莎椅的经典设计。

13. 按照倾斜100°、直径 ⅝ in（15.9 mm）的要求，使用定角打孔器和手持式电钻在两条前腿的竹节中央钻取深度等同于竹节半径的孔。试安装两条前腿，测量后腿与两条前腿间的角度和距离，并加上两个 3 mm，然后根据这个尺寸锯切出后横档。

14. 因为前横档与后横档是垂直关系，所以垂直于前横档钻取榫孔即可；后腿竹节处用于安装后横档的榫孔则以刚才试安装的角度钻取。

15. 组装过程与前面温莎凳的相同，都是利用横档的预应力来加固整体结构。将座面和凳腿黏合后，用千叶轮打磨去除榫头，再用砂纸手工打磨光滑。

摇椅凳

木料种类: 榉木
木料尺寸: 2200 mm×220 mm×50 mm
作品尺寸: 850 mm×250 mm×450 mm
车削类型: 轴车削
学习重点: 温莎椅榫眼、榫头制作和烟袋榫运用

2. 先用台锯锯切出两块长 200 mm、宽 40 mm 的边角料,再用带锯将每块边角料分割成两个顶角为 10°的直角三角形,并按照之前的角度画线用圆盘砂光机打磨出斜边。

准备工作

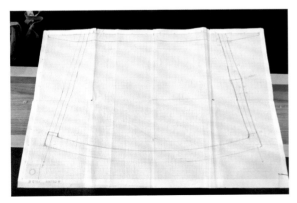

1. 在笔记本上绘制草图,找到最佳比例的竹节位置与椅腿的倾斜角,然后用方格纸绘制1:1的摇椅侧视图。椅腿前后、左右方向的倾角均为 100°。

3. 先将其中一对三角形放在长方形木板的两端,以长直角边紧贴木板的正面,用木工螺丝加以固定。

4. 用另一对三角形和另一块长方形木板制作出同样的倾斜模具，并将两个倾斜模具彼此垂直组合在一起，就做成了双100°的倾角。在最上层覆上台面，装上靠山，这样双100°倾角的双斜模具便制成了。可将其固定在台钻台面上，并依所需角度为4个椅腿开出榫孔。

5. 使用平刨将椅腿坯料的长纹理正面和一个侧面整平，再用压刨整平长纹理的背面，使木料的最终厚度为50mm。

6. 用台锯将上述木料裁切成四根截面50 mm见方、长500 mm的方木料，用于后续车削四条椅腿。

椅腿制作

1. 由于椅腿方料的长度大于刀架，所以需要分两次架刀车削椅腿。先以轴车削的方式将左半部分木料削方成圆。

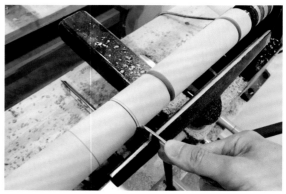

2. 与前面制作竹节凳腿的方法相同，都是先借助模板将车削高低控制线标记到木料上，然后用打坯刀去除大量木料，再用斜口车刀进行细节车削与表面修饰。

3. 注意要把底部圆木榫直径控制在 12 mm。用斜口车刀车削出榫头，榫头的长度至少为 1 in（25.4 mm）。为了保证强度，摇板的榫接采用烟袋榫的样式。

2. 用划线规在椅面正面画出钻孔记号。接下来由椅面向下钻取双向外斜孔。

4. 重复以上步骤，制作出四条相同的椅腿。

椅面制作

3. 双斜模具垂直于台面摆放，并用 G 形夹固定。将木料放在模具上，用 1 in（25.4 mm）的钻头钻孔至木板被钻透。由于榫孔距离椅面长边与短边的距离不一样，因此四孔中的两孔在钻取时需要垂直移动模具来配合。

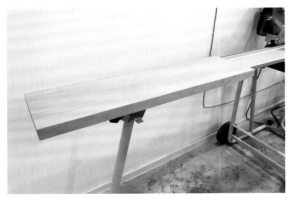

1. 坯料依次用平刨、压刨和台锯处理，得到长 800 mm、宽 200 mm、厚 35 mm 的木板。

4. 在椅面的底面两端画出斜切线。斜切线的下方起点距离端面 100 mm，斜切线向上斜向延伸至距离椅面正面约 10 mm 的位置。从图纸上可看出最终的造型。

5. 先用带锯去除该区域的大量木料，再用低角度刨修整细节至参考线处。

6. 将 120 目的砂纸套在打磨块上打磨斜面。

椅腿榫孔与木楔制作、黏合安装

1. 将台锯锯片倾斜 45°，在 100 mm 宽、2 in（50.8 mm）厚的木料上锯切出沿中线对称的 V 形槽，作为在椅腿榫头上切割木楔插槽时的固定夹具。

2. 将椅腿放在楔形夹具上，调整带锯靠山，使榫头中心参考线正对锯片，锯切出木楔插槽。木楔插槽的宽度至少要达到 2 mm，所以我们使用开料带锯进行锯切。

3. 用圆盘砂光机打磨出厚度、宽度两个方向均为梯形的木楔，其厚度由底部最薄处的 2 mm 向上增厚至 3 mm。

4. 在木工桌上用开榫锯锯切出由底部向上外扩的燕尾状胡桃木木楔。照片中最上方是木楔的底部，宽度为1 in（25.4 mm），外扩幅度每侧最大为2 mm。

5. 制作出完全相同的四个木楔，每个木楔上方留出20 mm的一段木料，作为被木槌敲击之用。

6. 用木槌将椅腿试安装在椅面板上。分别测量两条椅腿长向的距离，看是否存在误差。

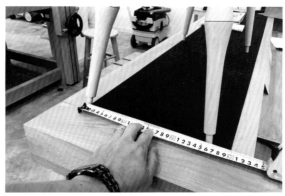

7. 再测量两条椅腿短向的距离，看是否存在误差。如果没有问题，就可以判定四条椅腿为正交。如果误差过大，应将榫孔用同直径的木料填补后重新开孔。

8. 穿过榫孔的中心画出垂直于座面边缘的铅笔线，这条参考线在安装椅腿时使用，可让木楔插槽两两平行对齐。在浅色系的榉木上安装深色系的胡桃木木楔会形成巨大反差，如果木楔之间没有对齐，视觉上会显得相当杂乱。其实我更喜欢与榫头材质相同的木楔，这个不同色系的案例是为了让读者看起来更直观。

9. 在榫孔侧壁与榫头周围涂上木工胶，用木槌将椅腿安装到座面上，要确保四条椅腿插入榫孔的深度大致相同，这样座面才能保持水平。对于对称性的作品，座面只有在此阶段保持水平，在安装摇板后静止时才能保持同样的水平状态。如果成品静止时座面无法保持水平，美观性会大打折扣。

10. 组装后立即将椅面侧转 90° 放倒，用开榫锯将凸出的榫头锯切至剩余 8 mm 左右。

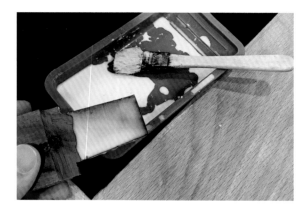

11. 在木楔的 5 个面都涂上木工胶。

12. 用木槌将木楔敲入插槽，注意控制力度，不要将木楔打偏。由于木楔从下到上是在逐渐变宽的，打偏会导致一侧的木楔吃进榉木的范围较大而影响美观。

13. 敲入木楔的感觉是很美妙的，你会有感于木楔的神奇，可以挤进比插槽深度还深很多的位置。木楔两侧凸出于椅腿榫头的部分榫片直接吃进了椅面木料中，这样的结构非常牢固，即使在日后的反复应力作用下椅腿也不会发生移位。

16. 用凿子修掉凸出于椅腿榫头两侧的木楔，但已经吃入椅面的木楔部分会留在椅面内，这才是形成木楔加固体系的正确做法。

摇板制作与安装

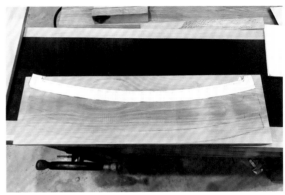

1. 将摇板的轮廓线描画在木坯料上，板厚为 30 mm。

14. 静置一晚，用开榫锯将超出榫头部分的木楔锯掉。

15. 基于前期的精确设计，木楔与原本画在椅面上的参考线基本对齐了，相邻两个榫片外观上比较整齐。

2. 用带锯切割出摇板的大形。

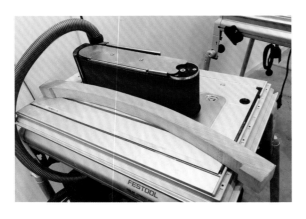

3. 用砂带机将摇板的上下表面打磨平整，因为后续要用电木铣对摇板进行加工，现在摇板上下表面的状态关乎铣削的最终效果，所以务必保持其平整顺滑。

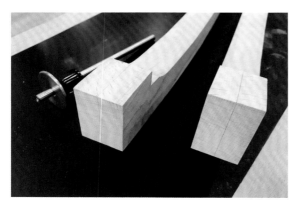

4. 用划线规在摇板两端画出中线，以确定榫孔位置。

5. 为摇板编号以区分左右侧，并将座面侧向放倒在木工桌上，使摇板安装的位置对准椅腿榫头。

6. 榫头应正对摇板接合部位的中央，用铅笔画出其位置。接下来需要注意两个要点：一是榫眼打孔，二是榫头周边木料与摇板接合部位的密合度处理。

7. 用直角尺将榫眼中心线延伸至摇板上表面，与木料中心线垂直相交，形成榫眼打孔的参照点。保持侧面的榫孔画线垂直于木工桌，用桌钳固定摇板木料，用手持式电钻钻出直径 12 mm、深度 30 mm 的榫孔。两支摇板共需钻出 4 个榫孔。

8. 用半径 15 mm 的铣刀铣削出摇板上表面的曲面造型，左右两侧需要各自铣削。在摇板下表面左右两侧也各自铣削，形成直径 30 mm 的弧面。

9. 用圆盘砂光机打磨榫眼表面的木料，使其能与榫头周围的木料紧密贴合。

12. 试安装无误后，在榫眼侧壁和榫头表面涂上木工胶，组装后用 F 夹固定，等待木工胶完全凝固。

10. 这个过程需要反复对照。将椅面倒置在木工桌上，对摇板进行精细修正。

13. 拆除夹具后试坐并摇动摇椅凳，确认没有大问题。

11. 观察榫头与榫眼周围木料是否已完全贴合。

14. 用角度尺参照椅腿的倾斜角度在摇板上画线，准备修整烟袋榫的造型。因为摇板的造型不规则，最终需要使用大量手工工具打磨后才能完成，因此画线时应该留出 3 mm 的余量，防止在造型过程中产生失误。

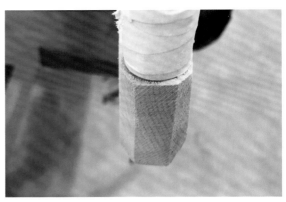

17. 可用缠绕低黏性胶带保护椅腿等已完成车削与打磨的部位。可以用锉刀锉削出两个角、四个角、八个角，逐步过渡做出曲面。

15. 用夹背锯锯切去除摇板两端的多余木料。

18. 用低角度刨或小型台刨处理榫头至摇板中间段的木料，获得由薄到厚的、过渡平滑的造型。

16. 再用锉刀处理木料的边角开始造型。

19. 其实摇板的做法就是明式家具扶手上的烟袋榫的倒置运用。

20. 摇板的下表面关系到摇摆时的平稳程度，需要针对细节用鸟刨进一步塑形整理。摇板整体先用 120 目砂纸进行打磨，再换用 600 目砂纸。

21. 用砂带机将榉木边角料打磨成细粉，将细粉与木工胶 1∶1 混合均匀，对瑕疵处进行修补。

22. 用台刨在椅面周边拉出小斜面。

表面处理

1. 用湿布擦拭整个摇椅凳，找出存在木工胶污渍的位置，重点擦拭和打磨。之后再用 600 目的砂纸起始打磨，至砂纸目数增至 7000 目。

2. 准备好棉布、手套、木蜡油，对作品进行上油处理。第一次上油时务必保证用油量，让木纤维能够吃入足够的木蜡油。静置 10~15 分钟，在木蜡油凝结前，用干净棉布将多余的木蜡油擦拭去除。在后续 1 小时内，间歇性观察有无木蜡油从孔隙中渗出，及时将其擦拭去除。

战马

木料种类：胡桃木
木料尺寸：2480 mm×195 mm×50 mm,
2100 mm×200 mm×25 mm
作品尺寸：1000 mm×280 mm×720 mm, 座高
420 mm
车削类型：轴车削
学习重点：温莎摇椅凳制作、木马制作

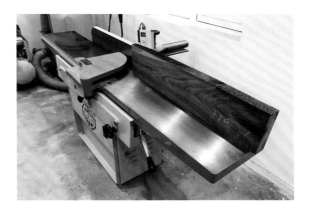

2. 先用平刨将长纹理的正面整平，以此作为基准面倚靠靠山，将下方的窄长纹理面用平刨整平，用直角尺检视无误后，得到两个相互垂直的参考面。

开料

1. 依据开料计划，用圆锯将毛料切割成座面、椅腿和横档、头与尾三个部分的坯料。安排好制作顺序，只对当日需要加工的坯料部分用平刨、压刨进行处理，以免木料放置过久再度发生形变，需要重新刨削，造成木料的额外损失。

3. 设置压刨机的刨削深度，以每次 1 mm 的刨量，逐渐整平长纹理的底面，得到第三个参考面。木料整平后的厚度为 50 mm。

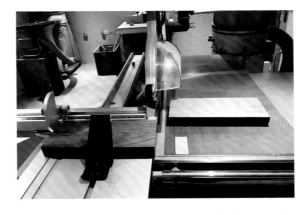

4. 用台锯或大型锯台，将椅腿与横档坯料横切为两段，每段长 430 mm。

5. 将宽度同样设置为 50 mm（与厚度相同），每段大块坯料锯切出 3 根椅腿方料。剩下的余料宽度为 195−50−3.5−50−3.5−50−3.5=34.5 mm。由此可以看出，第四个参考面没有必要一开始就整平。该段余料可留存给其他作品使用。当然，如果一开始能找到 175 mm 宽的、纹理与色泽都符合要求的坯料是最经济的，只是这么幸运的事不容易碰到罢了。

6. 现在得到的是 4 条椅腿与两根横档的木坯料和把手的木坯料。

椅腿制作

1. 分两次进行架刀，以轴车削的方式将椅腿木坯料削方成圆。

2. 由于椅腿下半部较为粗大，我们将它固定在靠近主轴箱一侧。依照模板画出高低谷控制线，保持斜口车刀的锐角尖端朝下，在竹节与切断位置车削出 V 形槽。

3. 用切断车刀车削出各控制线位置所需的直径。

4. 对比模板可以清楚地看到, 各竹节与高低控制线的位置分布情况。根据高低和方向开始进行车削规划。

6. 再用斜口车刀做塑形。

5. 从车床右端(非动力端)开始车削, 这样能避免后续因木料减少导致部件抖动, 造成不均匀的车削痕迹。用打坯刀以轴车削方式从左向右去除木料。

7. 用打坯刀去除两竹节中间部分的木料, 做出曲面。

8. 用斜口车刀从两侧竹节向中央低谷车削塑形。

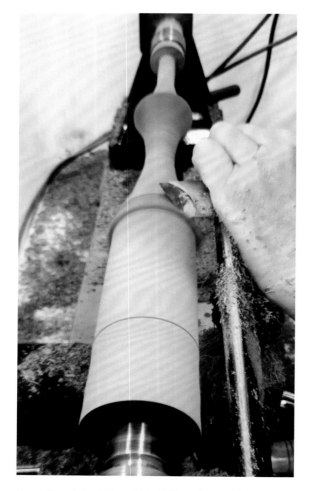

9. 用斜口车刀直接车削出椅腿下半部分的笔直柱状造型。

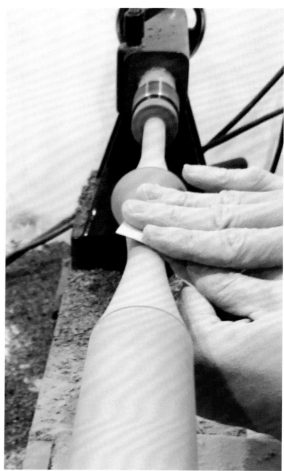

10. 用 240 目砂纸起始打磨，至砂纸目数达 600 目。

11. 车削与打磨完成后，用斜口车刀在竹节凹槽处形成灼痕，强化竹节的视觉效果。

12. 在榫头右侧车削出较粗大的尾端，用于座面扩孔；第二个 V 形槽为吸收木料挤压时木纤维的压缩量。

13. 用切断车刀车削缩小切断位置的直径。

14. 重复上述步骤，制作出 4 条相同的椅腿，尽量控制好每部分的直径和长度，包括竹节的位置。这些细节会关系到后续横档、椅面以及摇板的水平程度。

倾角模板制作

1. 裁切三张 400 mm×400 mm 和两张 400 mm×120 mm 的夹板。三张大板作为倾斜面使用，两张小板用于制作倾角。

2. 分别在两张小板上绘制出 25° 角和 35° 角。25° 角对应的斜边从一个顶角引出，然后在该斜边外侧留出约 10 mm 的中间缓冲区，画出 35° 角对应的斜边。用带锯从中间缓冲区切入，切割出两个角度三角形（其实35° 角对应的不是三角形，而是直角梯形），注意不要切到两条斜边画线。

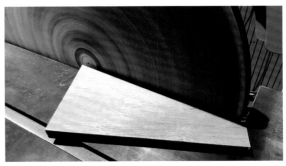

3. 使用圆盘砂光机将带锯切割面打磨平整，直至绘制的斜边画线处。

4. 各自完成打磨后，将两个倾角相同的角度三角形同时在圆盘砂光机再次打磨，进行对准。

5. 上图是完成打磨的、顶角为 25° 的角度三角形模板，用于座面短边的倾角制作。

6. 取一块大板作为 35° 角板组件的顶板（同时也是与25° 角板接触的底板），用台锯在底板两侧切割出滑槽，以便于上面的 25° 三角形部件滑动和固定。

7. 照片下方是用 35° 角板制作的模板的下半部分，上方是用 25° 角板制作的模板的上半部分。

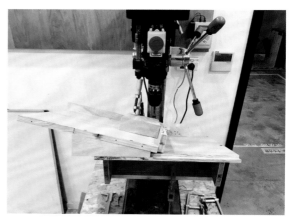

8. 将倾角模板的下半部分用两个 G 形夹固定在台钻台面上。这个时候就会发现，400 mm 见方的木板就是按照适合台面的大小设计的。在为座面钻孔的过程中，下半部分固定不动，只有上半部分模板可以左右移动，并通过螺丝弹性调整靠山的位置让木料倚靠。座面上对角关系的孔，其钻孔角度是一致的。座面长边的倾角与短边的倾角其实是通过正交来控制的，这样设计模板，钻下去的便是两个角度形成的复合角。对着座面长边看，椅腿的安装角度是 35°；对着座面短边看，椅腿的安装角度是 25°。可以先用一块边角料试操作，熟悉钻孔的过程。不论是从座面的上表面还是下表面钻孔，只要 4 个孔的钻孔方向没有搞错就没问题。如果对操作没有把握，可以在座面木料的侧面画出榫孔的倾斜角度线。

横档与座面制作

1. 将座面木料用平刨先刨削至 40 mm 厚（设计厚度为 35 mm）。接下来用角度尺检查木料的 6 个面是否相互垂直，测量一定要准确，否则在钻取椅腿榫孔时会造成误差。榫孔的误差会一直传递到椅腿末端，造成相当明显的偏离，可能导致摇板的安装发生问题或是摇动不顺畅。首先检查长纹理面与端面的垂直度。

2. 再用横切锯将木料锯切到 500 mm。

3. 用直角尺检查长纹理面与端面的垂直度。

4. 这里的座面榫孔是从正面向下钻取的，所以榫孔是向下、向外扩张的。用划线规画出榫孔的中心。

5. 榫孔中心距离座面长边 20 mm、短边 50 mm。

6. 将木料放在台钻的倾角模板上。

7. 移动上层倾角模板，让钻头对准榫孔的中心，用 G 形夹将座面木料固定在倾角模板上。

8. 因为对角的两个榫孔方向是一致的，所以完成一个钻孔后，可将木板掉头，钻取另一个榫孔，注意钻孔过程中座面不要发生偏移。

9. 将倾角模板的上部组件左右对调，并把远端的靠山调整到对侧。将座面木料放在模板上继续钻孔。

10. 经过几次钻孔后，模板表面的夹板木料会出现碎裂，容易造成座面木料底侧的木纤维因得不到支撑而剥离。当初用压刨处理木料时多留了 5 mm，这个时候就派上用场了。

11. 将座面底面朝上，用压刨逐步刨去 5 mm，碎裂的木纤维也会随之去除。

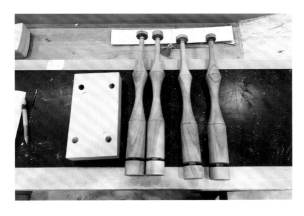

12. 将 4 条椅腿对齐检查误差情况。由于是手工操作，难免会有误差，只需要将两条长度、竹节位置比较接近的椅腿归为一组，作为前腿组或后腿组安装即可。

13. 分组完成后，将榫头的尾端木料锯掉。

14. 调整好每条椅腿的朝向，使纹理能够最完美地呈现出来。我是将山形纹理朝向座面角点 45° 的方向进行安装的。用木槌将椅腿敲入座面。

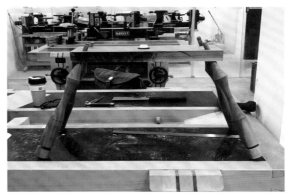

15. 检查座面是否水平。座面偏高的一侧应将椅腿敲入得更深一些。座面找平的前提是椅腿下方的余料长度相同。

16. 测量两条前腿之间的净距离和两条后腿之间的净距离。将各自净距离加上两个榫孔深度（即椅腿的半径乘以 2），再加上两边各自 3 mm 的增量，就得到了横档的长度：172+23×2+3×2=224 mm。

17. 用木工铅笔标出横档上的榫孔位置，然后才能取下椅腿完成钻孔。这样操作等于设定和固定了能使椅腿完美呈现的朝向。

18. 将 430 mm 的木料横截为 250 mm 与 180 mm，分别作为横档与把手的木坯料。

21. 用轴车削车刀在左右两端的切断部位车削出斜口，作为扩孔用的榫头。榫孔直径为 ⅝ in（15.9 mm），横档两端的木料，只要打磨完成后直径为 ⅝ in（15.9 mm）就可以了。尺寸过大不利于容忍角度偏差，也不利于存留木工胶。结构维持依靠的是压力，因此不需要担心榫孔与榫头的间隙过大。

19. 用与椅腿同样的轴车削方式加工，先做出竹节右侧凹面，再用切断车刀车削出左侧的高低控制线。

22. 将定角打孔器的倾角调整为 25° 进行钻孔，横档的倾角即为正视座面短边时椅腿的倾斜角度。榫孔直径为 ⅝ in（15.9 mm）时，深度为 23 mm，即成品椅腿直径 46 mm 的一半。

20. 用打坯刀初步车削后，再用斜口车刀进行塑形。

23. 之前已经试安装过椅腿，现在可以将椅腿下半部分的多余木料锯掉了。

26. 安装横档，敲击椅腿进入座面进行试安装，并确认椅面的水平情况。此时椅腿下方已无多余木料进行保护，需要格外注意，不要损伤木料。

24. 趁着还可以看到切断部位的锯切圆痕迹，敲打锥子以加深圆心，作为后续安装摇板时的中心线基准点。当然，如果你有定心器，就不需要这步操作了。

25. 将椅腿木料放在楔形夹具上防止椅腿滚动，用120目砂纸进行打磨。

27. 找平后用铅笔将榫头的进深标示在椅腿上，作为锯切木楔插槽和实际黏合安装时的参考线。

28. 将椅身侧向放倒，与摇板模板比对，确认椅腿倾斜角度与摇板的设计接合点能接合无误，即可进行座面的加工。

30. 用划线规在侧面画出 15 mm 宽的参考线。

29. 在分别距离座面前端面边缘 150 mm 和后端面边缘 100 mm 的位置画上参考线，并用划线规在座面上表面距离长边边缘 10 mm 处画出参考线。

31. 用开榫锯横截出两条参考线的连线，准备为整个斜面塑形。该锯切深度即为刨削木料的参考深度。

32. 使用鸟刨压紧木料，并逐步缓慢去除凸出边角的木料，直达锯切参考深度，并向两端延伸。

33. 刨削斜面除了可以造型，还能让乘坐者在摇摆时不会因为尖角的摩擦而使大腿下侧感觉不舒服。

36. 用电动砂光机打磨整个座面木料，砂纸目数梯次增加至 600 目。

34. 用 6 mm 的铣刀将座面沿四个长边的凸出边角铣圆，斜边位置则不需要。

榫孔与木楔制作

1. 将椅腿连同横档安装回座面。

35. 在安装马头的位置先用多米诺开榫机制作两个安装孔。

2. 通过榫头中心画出平行于短边的参考线，作为锯切插槽时的参考。对齐插槽，除了使造型更为美观，最重要的是可以控制木楔插入后，向两侧扩张的力道与座面的长纹理方向一致。

3. 调整靠山的位置，让榫头切割标记对准带锯锯片，将椅腿木料放置在楔形夹具上防止椅腿滚动，向前推送木料进行锯切，插槽深度不应超过榫头插入座面的深度。锯切过程中要用左手压住椅腿保持其平衡，避免锯片向下拖带木料使其弹起；如果没有压紧木料，带锯操作会产生危险。

4. 带锯锯切形成的插槽宽度不到 2 mm。用余料在台锯上锯切出厚度约为 2.5 mm 的木楔。用压刨事先将余料刨削至 20 mm 厚，制作出来的木楔最宽处会比榫头的直径尺寸 ⅝ in（15.9 mm）左右各多出 2 mm。

5. 测量座面厚度，推算出木楔的最小长度，或者可以直接测量插槽的尺寸。木楔长度至少要比插槽深度多出 10 mm。

6. 至少准备 6 个木楔。略微打磨木楔沿长边两侧形成梯形，但木楔的最小宽度不应小于 ⅝ in（15.9 mm）。

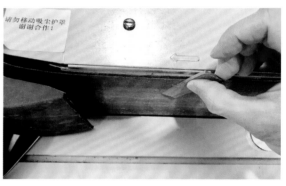

7. 同样将木楔的厚度略微磨薄，形成楔形，但木楔尖端处的最小厚度不应薄于 2 mm。

黏合安装椅腿与椅面

1. 将木工桌清理干净，准备好木工胶、刷子、湿布后进行上胶。各部位的榫孔、榫头都要均匀涂抹木工胶，再用木槌敲击安装。

2. 用气泡水平仪测试座面的平整度。

5. 敲击过程中如果发生木楔歪斜、断裂，抑或是厚薄不一的情况，不要犹豫，将备用木楔加工成略大于插槽的尺寸，立即上胶并再次敲入。木纤维经过木工胶紧密的黏合后，外观上是看不出明显差异的。

3. 在木楔表面与榫孔处均匀涂抹木工胶。

6. 静置一夜，等待木工胶完全凝固。当天如果时间仍然富余，可先准备战马的头尾木料。

4. 椅腿的榫头经过锯切后体积减小，很容易装入座面，木楔的功能更像是修补椅腿上的木料切口，只是借由木楔产生的向外的压力生成了较大的扩张头，借由木工胶获得更高的榫接强度，为防止椅腿松动提供了双重保证。

7. 用管夹夹紧上好胶的两块马头木坯料，正面面积约为300 mm × 300 mm。除了纹理、色泽需一致外，最重要的是两个端面的弦切年轮要方向相反，这样能够减小长时间的温湿度变化造成的木料变形。

8. 用夹背锯锯切掉多余的木楔和榫头木料。可以将榫头锯切到与椅面齐平，也可以留下 5 mm 的长度。

2. 用带锯锯切出两只摇板的大形。20 mm 厚的余料可以存起来，供日后使用。

9. 用凿子修去木楔侧面的凸出部分，并用 120 目砂纸起始打磨榫头截面。

摇板制作与安装

1. 另外准备颜色相近的 1 in（25.4 mm）厚、200 mm 宽的木坯料，其整平后的厚度约为 20 mm。将其裁切成两块长 1000 mm 的木料。将摇板的轮廓画在木料上。如有较宽的木料，将两只摇板并排画出更为经济。

3. 先找出前后端点，用砂带机对齐整平至参考线后，将两只摇板对齐并用低黏性胶带缠绕固定，进行其他部位的打磨。

4. 由于需要用凿子在椅腿上开口制作出用于夹持摇板的插槽，因此可以现有凿子的宽度作为摇板厚度的参考。摇板过厚并不美观，½ in（12.7 mm）左右即可，这里以凿子的宽度 12 mm 作为榫孔的设计宽度和摇板厚度的参考。用压刨将摇板厚度刨削至 12.5 mm。

5. 将划线规宽度设定为 6 mm，对准之前的椅腿圆心，向外侧延伸出一个参考点，此即为安装摇板的外侧参考点。

7. 前后腿都需要画出外侧参考线。

6. 将摇板搭放在椅腿上，对准刚才的外侧参考点，用划线刀画出摇板的外侧参考线。

8. 将划线规宽度调整至 12 mm，以外侧参考线为起点，向内侧画出两个参考点。

9. 用划线刀连接两个参考点，形成插槽内侧参考线。

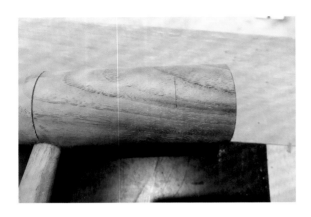

10. 用划线规在椅腿侧面画出长 30 mm 的插槽深度参考线。

11. 用直角尺将插槽参考线向下延伸至椅腿侧面，作为锯切参考线。

12. 使用纵截锯锯切出插槽。

13. 使用木槌垂直向下敲击凿子，修整插槽底面。

14. 将已被凿子切断的木料从侧面敲击剔除出来。

15. 试安装摇板，确认安装位置后，用铅笔将椅腿范围画在摇板上。

16. 后腿的榫孔底面与椅腿底面是水平设计，用钢直尺画出榫孔的水平线，将摇板上预留的搭接部分整平。

17. 画线以上的范围，就是需要进行整平的木料。

18. 如果两条后腿不存在角度误差，就可以用砂带机同时打磨两只摇板。

19. 将两只摇板单独进行整平微调，使其与插槽底部贴合。画出后腿的范围。

20. 打磨出摇板上后腿画线范围外两侧的曲面，除了造型与前腿不同，该部位逐渐向外扩展的设计还有传递应力的作用，能避免木纤维横向断裂。

21. 用划线规在插槽开口两侧向外延伸 6 mm 画平行线，用于制作斜口造型。

24. 用 120 目的砂纸顺纹理方向进行打磨。

22. 用鸟刨向椅腿上方斜向刨削出 20 mm 高的斜面。可以先用划线规画出椅腿上的终止线。

25. 摇板在摇动时的正常摆动范围是不会越过椅腿的，所以只需在摇板上两条椅腿之间与地面接触的部分做上记号，用 6 mm 的铣刀将其铣圆即可，以保持摇板前后端点的造型，使其不会太圆。

23. 慢慢刨削斜面，将斜面逐渐延伸至两侧参考线处。在斜面延伸至某个参考线后，就转而刨削另一侧，最后自然会形成一个横跨两线之间的斜面。

26. 用电动砂光机先打磨摇板的大面，因为安装完成后这里会变得不易打磨。要保证砂光机的效率，首先要将砂纸孔对准机器上的吸尘口。

27. 施力要均匀，不要在一个位置停留太久，以避免打磨过度。最初的摇板厚度多留了 0.5 mm，就是留出的打磨余量。最后以接近 12 mm 的厚度安装，加上木工胶的作用，结构上就非常结实了。

30. 用凿子将溢出的木工胶剔除干净。

28. 在摇板的安装面和插槽内刷涂木工胶进行黏合，除了用 F 夹拉紧椅腿端面的黏合处外，重要的是用 G 形夹从两侧夹紧椅腿，让摇板的长纹理面和椅腿的长纹理面能够紧密贴合。

31. 用湿布将全椅擦拭一遍，找出木工胶污渍的位置重点清理和打磨。由于被污染的位置不过水，非常容易被看出来。

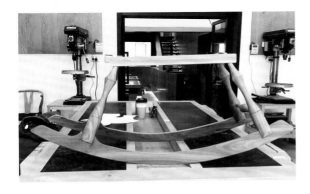

29. 放置一夜后拆掉夹子。我们并不打算在椅腿与摇板的接合处加入圆木榫进行加固，以防止摇板移位，因为就算椅腿与摇板之间不是长纹理面之间的平行黏合，不能达到最佳强度，长纹理面与端面之间的黏合也足以保证黏合效果了。

32. 用锉刀的弧面打磨后腿与摇板接合处的曲面，使其贴近椅腿，之后改用砂纸进行打磨。

33. 由于开料制作过程已经持续了几天时间，为防止木料变形，可以先为战马主体擦拭木蜡油。擦拭前需要先将马头和马尾的黏合位置画线标出。

34. 使用大量木蜡油擦拭表面，让木料充分吸收，15分钟后再将溢出的油擦掉。

35. 为确保之后的黏合效果，安装马头和马尾的位置不应擦拭木蜡油。

马头与马尾制作与安装

1. 将马头的模板放在木料上绘制出马头的外部轮廓。

2. 嘴巴下方与脖子间的距离较小，不利于带锯锯切转弯，可先用台钻在末端钻孔。

3. 先用带锯锯掉嘴巴下方的线条，锯切至末端开孔处，关闭机器，待锯片静止后再退出木料。

4. 锯切掉马嘴前端的多余木料，再锯切掉脖子边缘的木料，锯切至末端，关机，待锯片静止后将木料退出。

7. 可以看到组装时对应的榫孔位置。

5. 将马头固定在木工桌上单独进行打磨。在端面处顺纹理方向打磨才能事半功倍。

8. 用推台锯逐刀横切出 250 mm × 200 mm 的马尾木料，以及与椅面厚度相当的开口，以便后续安装。这个设计并不利于多米诺榫使用，但是考虑到该部位并不会受到什么往复应力的作用，所以只要开口不是很大，用木工胶黏合即可。

6. 在马头底部与坐板多米诺榫孔对应位置进行开孔。

9. 用带锯切割出马尾的外部轮廓，并用圆盘砂光机打磨所有凸面和凹面的外部轮廓。

10. 用砂带机打磨凹面。

13. 将木料削方成圆后，把设计的高低控制线画在木料上，并用切断车刀车削出每个部位所需直径。用打坯刀车削去除大量木料，再用斜口车刀修整木料表面。

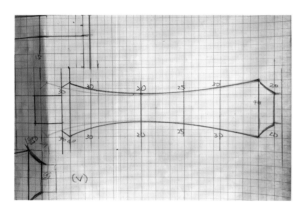

11. 把手部位可以多绘制几张草稿再决定最终方案，把手长度约为头部高度的二分之一。马头的高度是300 mm，把手设计长度为145 mm。

14. 参照画线用模板进行塑形，两支把手外观要接近。

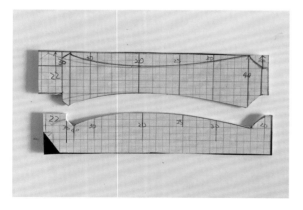

12. 用喷胶将1∶1的方格纸粘贴在卡纸上，用美工刀切割卡纸，分成画线用模板和外轮廓模板两部分。

15. 榫头长度应略小于马头木料厚度的一半。用斜口车刀车削出直径略大于20 mm的榫头。

16. 在台钻上用直径 20 mm 钻头钻出马头把手安装孔,可在马头下方垫上木板,直接钻出贯通孔。把手设计为覆盖式,内侧少量的木纤维剥离瑕疵是看不到的。

19. 用 F 夹夹紧马尾进行黏合安装,马头与把手可先擦拭木蜡油。

17. 将把手敲入马头榫孔试安装,榫头前端斜面能使其顺利插入榫孔中,并借由榫头与榫孔的相互挤压将把手安装牢固。退出时用木槌敲击马头木料即可。

20. 在马头的多米诺榫片表面、榫孔中与底座、座面的胶合面涂抹木工胶,利用马头的重力挤压完成黏合。或者可以一开始在马脖子背侧预留出与座面平行的多余木料,用 F 夹将其与座面夹紧,再锯掉该部位的木料并进行打磨。由于该部位全靠多米诺榫提供拉力,接缝的紧密程度因人而异。示例因为一体打磨上油的考虑,没有选择在马脖子背侧预留夹持木料的方案。

18. 在榫头表面与榫孔中涂抹木工胶黏合并安装。

格木文化

格木文化——北京科学技术出版社倾力打造的木艺知识传播平台。我们拥有专业编辑、翻译团队，旨在为您精选国内外经典木艺知识、汇聚精品原创内容、分享行业资讯、传递审美潮流及经典创意元素。

......

北科出品，必属精品；北科格木，传承匠心。